地域气候适应型绿色公共建筑设计研究丛书　丛书主编　崔愷

气候适应型绿色公共建筑典型空间模式设计图解

Design Diagram Illustration of Typical Climate Adaptive Green Public Building Spatial Modes

范征宇　党瑞　主编

西安建筑科技大学
中国建筑设计研究院有限公司

编著

中国建筑工业出版社

图书在版编目（CIP）数据

气候适应型绿色公共建筑典型空间模式设计图解 =
Design Diagram Illustration of Typical Climate
Adaptive Green Public Building Spatial Modes / 西
安建筑科技大学，中国建筑设计研究院有限公司编著；
范征宇，党瑞主编. —北京：中国建筑工业出版社，
2021.8
（地域气候适应型绿色公共建筑设计研究丛书 / 崔
恺主编）
ISBN 978-7-112-26407-0

Ⅰ.①气… Ⅱ.①西… ②中… ③范… ④党… Ⅲ.
①气候影响—公共建筑—空间设计—图解 Ⅳ.
①TU242-64

中国版本图书馆CIP数据核字（2021）第148798号

丛书策划：徐　冉　　　责任编辑：宋　凯　张智芊
书籍设计：锋尚设计　　　责任校对：张　颖

地域气候适应型绿色公共建筑设计研究丛书
丛书主编　崔恺

气候适应型绿色公共建筑典型空间模式设计图解

Design Diagram Illustration of Typical Climate Adaptive Green Public Building Spatial Modes

西安建筑科技大学　中国建筑设计研究院有限公司　编著
范征宇　党　瑞　主编
*
中国建筑工业出版社出版、发行（北京海淀三里河路9号）
各地新华书店、建筑书店经销
北京锋尚制版有限公司制版
北京富诚彩色印刷有限公司印刷
*
开本：889毫米×1194毫米　横1/20　印张：15⅖　字数：464千字
2021年10月第一版　　2021年10月第一次印刷
定价：**65.00**元
ISBN 978-7-112-26407-0
　　　（37962）

丛书编委会

丛书主编
崔愷

丛书副主编
（排名不分前后，按照课题顺序排序）

徐　斌　孙金颖　张　悦　韩冬青　范征宇　常钟隽

付本臣　刘　鹏　张宏儒　倪　阳

工作委员会
王　颖　郑正献　徐　阳

丛书编写单位
中国建筑设计研究院有限公司

清华大学

东南大学

西安建筑科技大学

中国建筑科学研究院有限公司

哈尔滨工业大学建筑设计研究院

上海市建筑科学研究院有限公司

华南理工大学建筑设计研究院有限公司

《气候适应型绿色公共建筑典型空间模式设计图解》

西安建筑科技大学
中国建筑设计研究院有限公司　编著

主编

范征宇　党　瑞

副主编

庞　佳　石　媛　邓新梅　葛碧秋

主要参编人员

孙东贤	肖子一	徐若奕	王梦园	葛志鹏
周智超	孙铭悦	李龙飞	李　妍	孙金颖
徐　斌	苏　婷	陈　闯	何恩杰	陈斯莹
裴福高	李　鸽	王　颖	李　祺	张益华
文　静	伍晨阳	樊昱江	崔晓晨	刘思梦

2021年4月15日，"江苏·建筑文化大讲堂"第六讲在第十一届江苏省园博园云池梦谷（未来花园）中举办。我站在历经百年开采的巨大矿坑的投料口旁，面对一年多来我和团队精心设计的未来花园，巨大的伞柱在波光下闪闪发亮，坑壁上层层叠叠的绿植花丛中坐着上百名听众，我以"生态·绿色·可续"为主题，讲了我对生态修复、绿色创新和可持续发展的理解和在园博园设计中的实践。听说当晚在网上竟有超过300万的点击率，让我难以置信。我想这不仅仅是大家对园博会的兴趣，更多的是全社会对绿色生活的关注，以及对可持续发展未来的关注吧！

的确，经过了2020年抗疫生活的人们似乎比以往任何时候都更热爱户外，更热爱健康的绿色生活。看看刚刚过去的清明和五一假期各处公园、景区中的人山人海，就足以证明人们对绿色生活的追求。因此城市建筑中的绿色创新不应再是装点地方门面的浮夸口号和完成达标任务的行政责任，而应是实实在在的百姓需求，是建筑转型发展的根本动力。

近几年来，随着习近平总书记对城乡绿色发展的系列指示，国家的建设方针也增加了"绿色"这个关键词，各级政府都在调整各地的发展思路，尊重生态、保护环境、绿色发展已形成了共同的语境。

"十四五"时期，我国生态文明建设进入以绿色转型、减污降碳为重点战略方向，全面实现生态环境质量改善由量变到质变的关键时期。尤其是2021年4月22日在领导人气候峰会上，国家主席习近平发表题为"共同构建人与自然生命共同体"的重要讲话，代表中国向世界作出了力争2030年前实现碳达峰、2060年前实现碳中和的庄严承诺后，如何贯彻实施技术路径图是一场广泛而深刻的经济社会变革，也是一项十分紧迫的任务。能源、电力、工业、交通和城市建设等各领域都在抓紧细解目标，分担责任，制定计划，这成了当下最重要的国家发展战略，时间紧迫，但形势喜人。

面对国家的任务、百姓的需求，建筑师的确应当担负起绿色设计的责任，无论是新建还是改造，不管是城市还是乡村，设计的目标首先应是绿色、低碳、节能的，创新的方法就是以绿色的理念去创造承载新型绿色生活的空间体验，进而形成建筑的地域特色并探寻历史文化得以传承的内在逻辑。

对于忙碌在设计一线的建筑师们来说，要迅速跟上形势，完成这种转变并非易事。大家习惯了听命于建设方的指令，放弃了理性的分析和思考；习惯了形式的跟风，忽略了技术的学习和研究；习惯了被动的达标合规，缺少了主动的创新和探索。同时还有许多人认为做绿色建筑应依赖绿色建筑工程师帮助对标算分，依赖业主对绿色建筑设备设施的投入程度，而没有清楚地认清自己的责任。绿色建筑设计如果不从方案构思阶段开始就不可能达到"真绿"，方案性的铺张浪费用设备和材料是补不回来的。显然，建筑师需要改变，需要学习新的知识，需要重新认识和掌握绿色建筑的设计方法，可这都需要时间，需要额外付出精力。当绿色建筑设计的许多原则还不是"强条"时，压力巨大的建筑师们会放下熟练的套路方法认真研究和学习吗？翻开那一本本绿色生态的理论书籍，阅读那一套套相关的知识教程，相信建筑师的脑子一下就大了，更不用说要把这些知识转换成可以活学活用的创作方法了。从头学起的确很难，绿色发展的紧迫性也容不得他们学好了再干！他们需要的是一种边干边学的路径，是一种陪伴式的培训方法，是一种可以在设计中自助检索、自主学习、自动引导的模式，随时可以了解原理、掌握方法、选取技术、应用工具，随时可以看到有针对性的参考案例。这样一来，即便无法保证设计的最高水平，但至少方向不会错；即便无法确定到底能节约多少、减排多少，但至少方法是对的、效果是"绿"的，至少守住了绿色的底线。毫无疑问，这种边干边学的推动模式需要的就是服务于建筑设计全过程的绿色建筑设计导则。

"十三五"国家重点研发计划项目"地域气候适应型绿色公共建筑设计新方法与示范"（2017YFC0702300）由中国建筑设计研究院有限公司牵头，联合清华大学、东南大学、西安建筑科技大学、中国建筑科学研究院有限公司、哈尔滨工业大学建筑设计研究院、上海市建筑科学研究院有限公司、华南理工大学建筑设计研究院有限公司，以及17个课题参与单位，近220人的研究团队，历时近4年的时间，系统性地对绿色建筑设计的机理、方法、技术和工具进行了梳理和研究，建立了数据库，搭建了协同平台，完成了四个气候区五个示范项目。本套丛书就是在这个系统的框架下，结合不同气候区的示范项目编制而成。其中汇集了部分研究成果。之所以说是部分，是因为各课题的研究与各示范项目是同期协同进行的。示范项目的设计无法等待研究成果全部完成才开始设计，因此我们在研究之初便共同讨论了建筑设计中绿色设计的原理和方法，梳理出适应气候的绿色设计策略，提出了"随遇而生·因时而变"的总体思路，使各个示范项目设计有了明确的方向。这套丛书就是在气候适应机理、设计新方法、设计技术体系研究的基础上，结合绿色设计工具的开发和协同平台的统筹，整合示范项目的总体策略和研究发展过程中的阶段性成果梳理而成。其特点是实用性强，因为是理论与方法研究结合设计实践；原理和方法明晰，因为导则不是知识和信息的堆积，而是导引，具有开放性。希望本项目成果的全面汇集补充和未来绿色建筑研究的持续性，都会让绿色建筑设计理论、方法、技术、工具，以及适应不同气候区的各类指引性技术文件得以完善和拓展。最后，是我们已经搭出的多主体、全专业绿色公共建筑协同技术平台，相信在不久的将来也会编制成为App，让大家在电脑上、手机上，在办公室、家里或工地上都能时时搜索到绿色建筑设计的方法、技术、参数和导则，帮助建筑师作出正确的选择和判断！

当然，您关于本丛书的任何批评和建议对我们都是莫大的支持和鼓励，也是使本项目研究成果得以应用、完善和推广的最大动力。绿色设计人人有责，为营造绿色生态的人居环境，让我们共同努力！

崔愷

2021年5月4日

　　绿色建筑概念自20世纪末叶由西方引入我国以来，在我国业界、学界、政府与社会各界都得到了长足而卓有成效的发展。"十五"至"十三五"期间，伴随着我国城镇化进程的进一步加快，我国城镇绿色建筑事业的重心逐步从居住建筑拓展至公共建筑。公共建筑相较于居住建筑，因形态丰富、体量巨大、空间复杂、功能多样、性能区分明显且围护结构亦具有显著的差异，故而其绿色设计更具挑战性。而在规模化的建设实践中，我国公共建筑因缺乏气候适应性绿色设计指引，导致大量不同地域的工程设计实践未能应对差异化的气候条件，形态同质严重，外观千楼一面，直接引发巨大的调控负荷，以及脆弱的室内物理环境水平，一定程度上致使了城镇公共建筑设计建设事业与时下资源节约、舒适宜居的核心绿色人居建设目标背道而驰。

　　绿色公共建筑设计应充分发挥创作型设计的先导驱动作用，而不应是传统建筑设计简单附加围护结构热工设计、环境调控与可再生资源利用设备来实现，这一绿色建筑设计的新型理念正得到越来越多建筑师的共识。在绿色建筑的气候适应性设计全过程中，空间形态设计因集中体现了建筑师发挥创作设计能力，以优化处理气候条件与空间关系，从而充分实现空间适应气候的潜力，故而是创作型设计的核心环节。而公共建筑因空间功能种类多样，创作设计手法丰富，在各单一空间形态、各功能空间组织关系以及形成的总体空间形式等不同层面，都蕴含着相应的气候适应型优化设计潜力。在公共建筑设计中，无论是中介过渡、高大共享等典型的气候边界单一空间要素，还是平面布局组织、跃层通高处理等空间组织格局关系，亦或是竖向叠加、水平延展等空间组合之总体形式类型，在应对差异化的气候条件时，都亟待发掘相应适宜的空间模式，以作为各层级空间形态设计的重要依据。在各类城镇公共建筑中，办公、商业、酒店、图书馆等典型普适型建筑量大面广，建设规模突出，同时，也是中庭及门厅这类典型大体量高大空间、开放公共空间等大进深连通型空间的集中体现。且诸此建筑类型形式多样，造型丰富，是建筑师通过空间形态创作发挥绿色设计的潜力所在，将必然是未来一段时期内我国绿色公共建筑的创作设计优化重点。

2017年7月，"十三五"国家重点研发计划"绿色建筑及建筑工业化重点专项项目——地域气候适应型绿色公共建筑设计新方法与示范"开展立项。该研究由崔愷院士领衔，依托中国建筑设计研究院有限公司为项目牵头单位，按照"机理-方法-技术-工具-平台-示范"总体研究架构，着眼绿色建筑设计学界与产业全局，以"创作驱动、联动发展、全面提升"的战略思维，着力推动地域气候适应型绿色公共建筑设计的方法体系创新。本书为该重点专项中课题三"地域气候适应型绿色公共建筑设计技术体系"中，针对绿色空间形态设计的主要研究成果。

在崔愷院士以绿色建筑设计理论结合实践之高屋建瓴精神的带领与指导下，本书围绕项目绿色建筑设计新方法之"空间形态设计是公共建筑实现气候适应的核心环节"理念，选取办公、商业、酒店、图书馆等典型普适型公共建筑为研究对象，基于各类型建筑实际案例研究，依循总体空间形式、功能空间组织、典型单一空间形态之不同层级，提炼典型空间形态模式原型；基于既有绿色建筑规范标准中空间设计内容梳理基础，筛选典型空间形态设计模式变量；并通过性能模拟指引的空间推演设计关键方法，针对严寒、寒冷、夏热冬冷、夏热冬暖气候维度差异，揭示不同气候条件下各空间形态模式变量对能耗、自然采光、热舒适物理环境等资源节约与健康舒适核心绿色性能的影响关系；同时考虑到空间组织与围护结构性能的直接关联，针对空间形态中影响相对较弱的功能空间组织设计，试验性探讨了围护结构不同窗墙比对其实际性能表现的影响。并据此形成了所选取各类公共建筑典型模式变量的空间形态气候适应性设计策略，为建立新型地域气候适应型绿色公共建筑空间形态设计技术体系提供了技术依据与支撑。

本书的撰写与研究历经四余年，全书由范征宇、葛碧秋负责统稿，党瑞、庞佳、石媛、邓新梅、葛碧秋等为本著作成书承担了大量的撰写与组织协调工作，各部分的撰写基本分工如下：

第一章：范征宇、葛碧秋、徐斌、孙金颖；

第二章：石媛、葛碧秋；

第三章：党瑞、葛碧秋；

第四章：庞佳、范征宇；

第五章：邓新梅、葛碧秋；

附录：范征宇、葛碧秋。

同时，西安建筑科技大学研究生孙东贤、肖子一、徐若娈等参与了本书部分研究工作和插图绘制。

本书的撰写与研究得到了项目组与崔愷院士悉心地指导与

启发，恩师刘加平院士的诸多教诲，以及项目所属各课题组各位同仁的指教与协助。中国建筑设计研究院有限公司、中国建筑科学研究院有限公司、上海市建筑科学研究院有限公司、深圳建筑科学研究院有限公司、同济大学建筑设计研究院有限公司、中国建筑西北设计研究院有限公司、中联西北工程设计研究院有限公司、西安建筑科技大学建筑设计研究院有限公司、天津大学、西北工业大学、海南城建业施工图审查有限公司等高校与设计单位等为本书提供了指导或案例资料支持。因篇幅所限，恕难尽数行业内各位前辈、同仁与朋友的无私支持与奉献，对本著作研究与撰写过程中所有给予指导、帮助与支持的所有机构、专家与朋友致以衷心的感谢!

　　因作者学识与能力所限，本著作难免尚存诸多的问题与不足，敬请各位读者批评指正。

范征宇

2021年8月29日

目录

说明

1　编制背景 002
　1.1　课题简介 002
　1.2　图解内容 002
2　编制说明 003
　2.1　编制依据 003
　2.2　适用范围 005
　2.3　编制的目的与原则 006
　2.4　适用地区及对象 006
　2.5　编制方法 008
　2.6　编制规范基础 008

办公建筑篇

1　绿色办公建筑 016
　1.1　概述 016
　1.2　办公建筑绿色设计相关问题 016
　1.3　办公建筑绿色设计策略与方法 018
　1.4　现有规范中的办公建筑空间设计指标 020

1.5 办公建筑空间形态绿色设计研究框架 024

2 办公建筑绿色空间模式 026

2.1 办公建筑总体空间形式绿色设计 026

2.2 办公建筑功能空间组织绿色设计 033

2.3 办公建筑典型单一空间形态绿色设计 065

商业建筑篇

1 绿色商业建筑节能 078

1.1 概述 078

1.2 商业建筑绿色设计相关问题 079

1.3 商业建筑绿色设计策略与方法 080

1.4 现有规范中的商业建筑空间设计指标 082

1.5 商业建筑空间形态绿色设计研究框架 084

2 商业建筑绿色空间模式 086

2.1 商业建筑总体空间形式绿色设计 086

2.2 商业建筑功能空间组织绿色设计 093

2.3 商业建筑典型单一空间形态绿色设计 110

酒店建筑篇

1 绿色酒店建筑 130

1.1　概述 ……………………………………………………………………… 130

1.2　酒店建筑绿色设计相关问题 ………………………………………… 131

1.3　酒店建筑绿色设计策略与方法 ……………………………………… 132

1.4　现有规范中的酒店建筑空间设计指标 …………………………… 134

1.5　酒店建筑空间形态绿色设计研究框架 …………………………… 136

2　酒店建筑绿色空间模式 …………………………………………………… 138

2.1　酒店建筑总体空间形式绿色设计 …………………………………… 138

2.2　酒店建筑功能空间组织绿色设计 …………………………………… 145

2.3　酒店建筑典型单一空间形态绿色设计 …………………………… 183

五 图书馆建筑篇

1　绿色图书馆建筑 …………………………………………………………… 202

1.1　概述 ……………………………………………………………………… 202

1.2　图书馆建筑绿色设计相关问题 ……………………………………… 203

1.3　图书馆建筑绿色设计策略与方法 …………………………………… 203

1.4　现有规范中的图书馆建筑空间设计指标 ………………………… 207

1.5　图书馆建筑空间形态绿色设计研究框架 ………………………… 210

2　图书馆建筑绿色空间模式 ………………………………………………… 211

2.1　图书馆建筑总体空间形式绿色设计 ………………………………… 211

2.2　图书馆建筑功能空间组织绿色设计 ………………………………… 223

2.3　图书馆建筑典型单一空间形态绿色设计 ………………………… 244

附录

附录1 基于能耗的气候适应型典型空间模式图览..................258

   1-1 办公建筑..................258

   1-2 商业建筑..................265

   1-3 酒店建筑..................273

   1-4 图书馆建筑..................279

附录2 基于光环境的气候适应型典型空间模式图览..................284

   2-1 办公建筑..................284

   2-2 商业建筑..................285

   2-3 酒店建筑..................286

   2-4 图书馆建筑..................287

附录3 基于热舒适的气候适应型典型空间模式图览..................289

   3-1 办公建筑..................289

   3-2 商业建筑..................290

   3-3 酒店建筑..................291

   3-4 图书馆建筑..................292

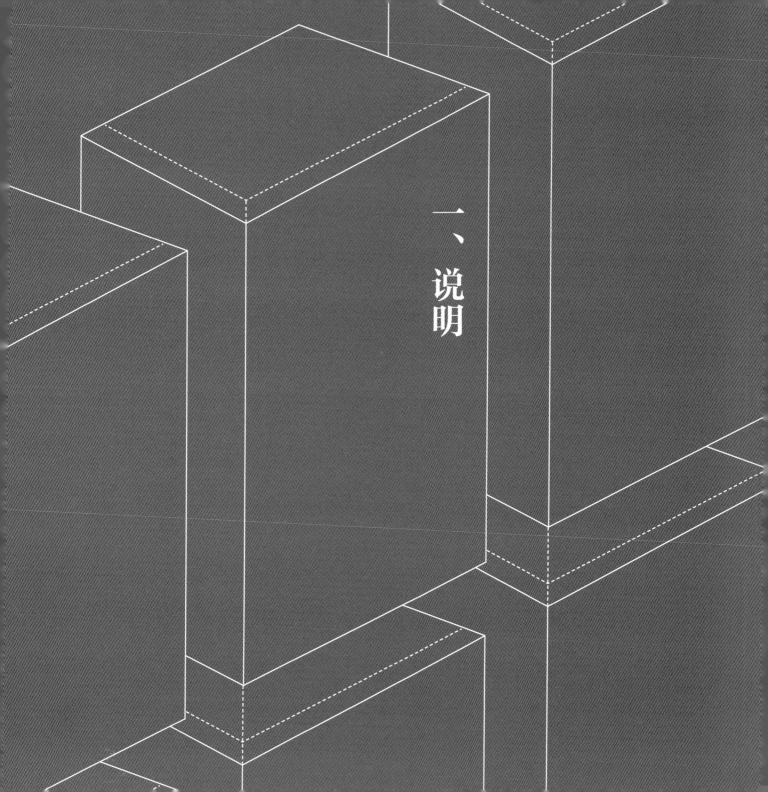

一、说明

1　编制背景

1.1　课题简介

本图解是基于"十三五"国家重点研发计划专项课题"地域气候适应型绿色公共建筑设计技术体系"（项目编号：2017YFC0702303）开展的相关研究成果。研究针对我国绿色公共建筑空间设计绿色目标考虑缺失、低效等问题，基于"空间模式—绿色性能"之间的核心关联，通过大量典型公共建筑案例研究，依据不同气候条件下的性能模拟验证，剖析提炼典型空间形态原型，揭示空间形态设计参数对建筑能耗、光环境、热舒适等绿色性能的影响关系，据此分析总结形成适应不同气候区的典型公共建筑空间形态设计策略，为建立适应气候的空间形态设计技术体系提供技术依据。

1.2　图解内容

本图解的数值验证部分依据研究对象类型可分为四个篇章，分别为办公建筑篇、商业建筑篇、酒店建筑篇、图书馆建筑篇。每一篇章由三部分展开：首先对相应建筑类型的绿色建筑设计现状作介绍；其后从总体空间形式、内部功能组织、单一空间形态三方面进行典型空间模式的归纳总结；并针对各自关键设计参数进行能耗、光环境、热舒适模拟分析，以形成相应的设计策略。

（1）办公建筑篇主要选取目前建设规模大、能耗集中的写字楼、行政办公楼、综合化办公楼等常见办公建筑类型，针对其交通空间主导的空间局促、形式单一的平面特点，体量见长、渐趋通透的主要空间形态发展趋势开展重点研究。

（2）商业建筑篇主要选取目前同样大量建设、能耗高、性能不佳、形式多样的大规模商业综合体、百货公司等常见商业建筑类型研究重点，针对其共享中庭空间主导，偏好天窗自然采光的设计习惯，以及性能要求高、连通度高的空间特点，开展空间形态设计变量的性能影响研究。

（3）酒店建筑篇主要选取目前建设规模与能耗水平快速增加的城市商务酒店建筑类型，针对其大堂空间和交通空间主导、客房空间形式有限、公共空间形式多变，且功能与性能复合多样的空间特点开展重点研究。

（4）图书馆建筑篇聚焦于大体量公共服务类建筑，选取信息时代下日趋向文化综合体发展的大型图书馆建筑类型为研究对象，针对其大体量、大进深的空间形态，以及由于建筑空间环境性能需求提升所导致的性能问题开展重点研究。

针对以上四类主要公共建筑类型，均通过"案例调研原型提取""性能模拟关键变量确立""变量优化设计策略归总"的研究路径，寻求其各自在我国"严寒""寒冷""夏热冬冷""夏热冬暖"气候区，对应总体空间形式、功能空间组织、单一空间形态等关键（空间）设计内容的绿色优化设计形式，为设计师创作型设计的核心——空间形态设计的绿色目标优化提供依据。

2 编制说明

2.1 编制依据

（1）本图解主要依据的国内外现行规范、标准与导则：

《办公建筑设计标准》JGJ/T 67—2019

《公共建筑节能设计标准》GB 50189—2015

《公共建筑节能设计标准》GB 50189—2015

《河南省公共建筑节能设计标准》DBJ 41/T 075—2016

《湖南省公共建筑节能设计标准》DBJ 43/003—2017

《建筑采光设计标准》GB 50033—2013

《建筑设计防火规范》GB 50016—2014（2018年版）

《建筑照明设计标准》GB 50034—2013

《旅馆建筑设计规范》JGJ 62—2014

《绿色办公建筑评价标准》GB/T 50908—2013

《绿色建筑评价标准》GB/T 50378—2019

《绿色商店建筑评价标准》GB/T 51100—2015

《民用建筑供暖通风与空气调节设计规范》GB 50736—2012

《民用建筑绿色设计规范》JGJ/T 229—2010

《民用建筑绿色性能计算标准》JGJ/T 449—2018

《民用建筑热工设计规范》GB 50176—2016

《民用建筑设计通则》GB 50352—2005

《民用建筑设计统一标准》GB 50352—2019

《商店建筑设计规范》JGJ 48—2014

《图书馆建筑设计规范》JGJ 38—2015

（2）本图解主要参考的书目：

《建筑设计资料集》（第三版）

《2007全国民用建筑工程设计技术措施》（节能专篇）

《TJAD酒店建筑设计导则》

《建筑设计技术细则与技术措施》（深圳市建筑设计研究总院编）

《地域气候适应型绿色公共建筑设计技术体系》

The American Institute of Architect，《An Architect's Guide to Integrating Energy Modeling in the Design Process》，2012.

American Society of Heating，Refrigerating and Air-Conditioning Engineers，The American Institute of Architects，Illuminating Engineering Society，U.S. Green Building Council，U.S. Department of Energy，《Achieving Zero Energy：Advanced Energy Design Guide for K-12 School Buildings》，2018.

American Society of Heating，Refrigerating and Air-Conditioning Engineers，The American Institute of Architects，Illuminating Engineering Society，U.S. Green Building Council，U.S. Department of Energy，《Achieving Zero Energy：Advanced Energy Design Guide for Small to Medium Office Buildings》，2019.

American Society of Heating，Refrigerating and Air-Conditioning Engineers，The American Institute of Architects，Illuminating Engineering Society，U.S. Green Building Council，U.S. Department of Energy，《Advanced Energy Design Guide for Medium to Big Box Retail Buildings：Achieving 50% Energy Savings Toward a Net Zero Energy Building》，2011.

2.2 适用范围

目前，指导建筑设计的图解图示类著作绝大多数是针对建筑施工图设计阶段编制。然而，建筑在进入施工图设计阶段时，空间功能已基本确定，绿色性能的进一步提升仅能体现在材料构造等有限的技术实施方面，实施效果相应受限。因此，本图解以空间模式优化为出发点进行典型公共建筑绿色设计研究，从建筑的总体空间形式、功能空间组织、单一空间形态设计等方面，自设计伊始便贯彻绿色设计的理念，以节能实效与环境优化为依据为绿色设计提供参考与参照。

目前，建筑方案设计全过程一般包含两个主要阶段，策划及概念设计和建筑方案设计。

策划及概念设计主要包括：

1. 前期调研：可以大致确定适合该基地的建筑模式、建筑朝向等。

2. 项目定位与目标分析：明确建筑功能构成，初步形成建筑形态、建筑空间组织关系。

3. 方案设计及绿色设计调整：确定各部分的空间尺度关系，调整典型空间的空间形式，各部分面积及组织动线等。

4. 技术经济可行性分析：在综合评估的基础上，对建筑设计方案进行全局分析，适度调整，除去不经济或不合理的部分。

建筑方案设计阶段主要包括：

1. 设计前期阶段：根据建设目标和当地的基本建设法规，结合现状，与规划师、景观设计师等合作对总平面、场地内景观及建筑物进行初步的构思，提出建筑的基本形体，出具初步的模型。这一部分与策划及概念设计有重合、重复的内容，但成果更加具体，具有更强的可实现性。

2. 方案设计阶段：根据功能设计要求，结合场地条件，完成建筑体量、功能、空间等综合设计。进行建筑的保温隔热、自然通风及采光设计，确定典型单一空间尺度形式等。

3. 初步设计阶段：除完成相应要求的图纸之外，后期需要完成一份初步设计综合报告，强调建筑方案的绿色性能特征。例如，为了达到更好的自然采光效果，建筑的中庭空间如何设置、空间如何分布等。

就适用对象与适用设计阶段而言，本图解主要适用于以绿色建筑为实施目标的新建、改建或扩建的民用建筑工程的策划及概念设计以及建筑方案设计阶段。

就使用对象而言，本图解主要针对建筑设计人员在进行绿色建筑设计时使用，结构、水、暖、电专业设计人员及绿色建筑咨询人员可参考使用，也可供设计单位、施工等相关人员配合相关规范使用，并可作为大专院校建筑设计相关专业进行绿色建筑教学时的参考。

2.3 编制的目的与原则

2.3.1 编制目的

本图解编制的目的是给出办公、商业、酒店、图书馆等绿色公共建筑在不同气候区的典型空间模式，为广大设计人员提供更加直观、明了的参考。同时，方便广大设计人员更好地执行国家绿色建筑设计的相关标准、规范及要求，提高绿色公共建筑的设计质量和设计效率。

2.3.2 编制原则

适用性：本图解基于实际案例，对建筑及空间模式进行归纳总结。采用论述、模拟、图示、表格等形式直观地表达绿色性能基于典型空间的变化趋势，使得空间模式表达更加形象、明晰、易于准确理解和执行。

系统性：首先，图解中包含对多种公共建筑的典型空间分析，即商业建筑、图书馆建筑、酒店建筑、办公建筑，形成一套较为完整的系统。此外，图解从总体空间形式、功能空间组织形式、单一空间形态三方面，形成从整体到部分的研究系统。

创新性：图解内容强调气候的适应性，对不同气候区分别进行研究，给出各个气候区适用的较为优化的典型空间模式，实现绿色公共建筑的设计创新。

2.4 适用地区及对象

选取四类典型公共建筑：办公建筑、商业建筑、酒店建筑及图书馆建筑，对应四个不同气候区的气候特征，研究这四类绿色公共建筑在各气候区相应的总体空间形式、功能空间组织以及典型单一空间形态的设计策略。

2.4.1 适用地区

本图解适用于我国四个典型气候分区，根据《民用建筑热工设计规范》GB 50176—2016四个气候分区确定为：严寒地区、寒冷地区、夏热冬冷地区、夏热冬暖地区。图解选取哈尔滨、北京、上海、广州四个城市的气候数据，分别代表四个气候区，从地域气候区维度指导公共建筑空间形态设计。

严寒地区

严寒地区是指我国最冷月平均温度≤-10℃或日平均温度≤5℃的天数≥145天的地区。严寒地区冬季严寒且持续时间长，夏季短促且凉爽。该区建筑物必须充分满足冬季防寒、保温等要求，夏季可不考虑防热。总体规划、单体设计应使建筑物满足冬季日照和防御寒风的要求；建筑物应采取减少外露面积，加强冬季密闭性，合理利用太阳能等节能措施。

寒冷地区

寒冷地区是指我国最冷月平均温度满足-10~0℃，日平均温度≤5℃的天数为90~145天的地区。寒冷地区冬季较长而且寒冷干燥，平原地区夏季较炎热湿润，高原地区夏季较凉爽。建筑物应满足冬季防寒、保温、防冻等要求，夏季部分地区应兼顾防热。总体规划、单体设计和构造处理应满足冬季日照并防御寒风的要求，主要房间宜避西晒；建筑物应采取减少外露面积，加强冬季密闭性且兼顾夏季通风和利用太阳能等节能措施。

夏热冬冷地区

夏热冬冷地区是指我国最冷月平均温度满足0~10℃，最热月平均温度满足25~30℃，日平均温度≤5℃的天数为0~90天，日平均温度≥25℃的天数为49~110天的地区。夏热冬冷地区大部分地区夏季闷热，冬季湿冷，气温日较差小。该区的建筑物必须满足夏季防热、通风降温要求，冬季应适当兼顾防寒。总体规划、单体设计和构造处理应有利于良好的自然通风，建筑物应避西晒。

夏热冬暖地区

夏热冬暖地区是指我国最冷月平均温度大于10℃，最热月平均温度满足25~29℃，日平均温度≥25℃的天数为100~200天的地区。夏热冬暖地区长夏无冬，温高湿重，气温年较差和日较差均小；太阳高度角大，日照较小，太阳辐射强烈。该区建筑物必须充分满足夏季防热、通风、防雨要求，冬季可不考虑防寒、保温。总体规划、单体设计和构造应避西晒，宜设遮阳。

2.4.2　适用建筑

本图解适用于绿色公共建筑。图解选取办公建筑、商业建筑、酒店建筑、图书馆建筑四种常见公共建筑类型。

办公建筑：办公建筑是公共建筑中的一种较普遍的建筑类型，它的需求量巨大，近年来，公共空间发展较快，由于其本身功能的复杂性和设计的多样性，使其空调能耗非常高，远大于住宅，因此办公建筑对能源和环境的影响较大。由此可见，绿色办公建筑推行绿色节能的力度和深度在很大程度上将直接影响着我国绿色建筑整体目标的实现，对办公建筑节能与室内环境提升问题目前所进行的一系列探索性的研究更是具有战略性的意义。

商业建筑：近年来，商业建筑发展得极为迅速。由于其空间规模大、耗电设备多、人员流动频繁且营业时间长等，商业建筑在采暖、制冷、照明等方面的能耗远高于其他类型公共建筑。随着大型商业建筑面积的不断增加及服务水平的不断提高，建筑能耗总量也在持续增长，且速度越来越快，长此以往，必然给我国的能源安全带来巨大威胁。所以在绿色建筑技术开发进度不断加快的过程中，必须重视商业建筑的绿色设计水平提升及模式发展。

酒店建筑：近年来，随着旅游业的蓬勃发展，酒店数量不断增加，其能耗在公共建筑能耗中所占的比例逐步增高，酒店建筑能耗问题也成为研究公共建筑能耗问题的重要一部分，其室内环境状况也日渐突出。因此，酒店行业已经成为不可忽视的绿色变革领域，蕴藏着巨大的节能潜力和社会示范效应。

图书馆建筑：信息时代下，图书馆的定位已由藏书为主的存储空间转向以人为本的服务空间，其物理存在意义与空间形态都被重新定义。随着大体量、大进深的图书馆建筑大规模的建设，加之不断提升的空间品质需求，其突出的能耗与环境问题也引起了广泛的关注。图书馆作为典型的科教文卫类公共建筑，在提供优质的知识传递和服务之外，对公共建筑的资源节约、环境品质提升也具有不可或缺的作用。

2.5　编制方法

本图解采用先分析后模拟的方式进行编制。在大量调研的基础上，对四种典型公共建筑的空间类型进行抽象提取与归纳，总结出各类公共建筑的典型空间模式，再结合模拟软件Designbuilder，对典型空间组合模式进行四个气候区（严寒地区、寒冷地区、夏热冬冷地区、夏热冬暖地区）代表城市的性能模拟，根据模拟结果绘制图表并进行对比分析，使得各种典型空间的性能特点得到清晰明了的呈现，进而得出相应设计建议。

2.6　编制规范基础

依据《民用建筑热工设计规范》GB 50176—2016、《民用建筑绿色性能计算标准》JGJ/T 449—2018、《民用建筑供暖通风与空气调节设计规范》GB 50736—2012、《公共建筑节能设计标准》GB 50189—2015、《绿色建筑评价标准》GB/T 50378—2019、《建筑照明设计标准》GB 50034—2013整理得出绿色公共建筑空间指标。将与绿色公共建筑空间指标有关条文分为空间设计、构造、设计参数三类。其中，空间设计要求主要涉及体形及朝向、体形系数；构造要求主要涉及墙体、门窗等；设计参数主要涉及气象参数、照明、采暖及空调、传热系数、遮阳系数、窗墙比、节能计算及模拟等（表1-1）。

绿色公共建筑空间指标

表1-1

分类	类别	条文	出处
空间设计要求	体形及朝向	4.2.4 建筑物宜朝向南北或接近朝向南北，体形设计应减少外表面积，平、立面的凹凸不宜过多	《民用建筑热工设计规范》GB 50176—2016
		4.3.4 建筑朝向宜采用南北向或接近南北向，建筑平面、立面设计和门窗设置应有利于自然通风，避免主要房间受东、西向的日晒	
		3.1.5 建筑体形宜规整紧凑，避免过多的凹凸变化	《公共建筑节能设计标准》GB 50189—2015
	体形系数	3.2.1 严寒和寒冷地区公共建筑体形系数应符合表3.2.1的规定 严寒和寒冷地区公共建筑体形系数　表 3.2.1 <table><tr><td>单栋建筑面积A（m²）</td><td>体形系数</td></tr><tr><td>300＜A≤800</td><td>≤0.50</td></tr><tr><td>A＞800</td><td>≤0.40</td></tr></table>	《公共建筑节能设计标准》GB 50189—2015
构造要求	墙体	5.3.4 严寒地区、寒冷地区、夏热冬冷地区、温和A区的玻璃幕墙应采用有断热构造的玻璃幕墙系统，非透光的玻璃幕墙部分、金属幕墙、石材幕墙和其他人造板材幕墙等幕墙面板背后应采用高效保温材料保温。幕墙与围护结构平壁间（除结构连接部位外）不应形成热桥，并宜对跨越室内外的金属构件或连接部位采取隔断热桥措施	《民用建筑热工设计规范》GB 50176—2016
	门窗	5.3.3 严寒地区、寒冷地区建筑应采用木窗、塑料窗、铝木复合门窗、铝塑复合门窗、钢塑复合门窗和断热铝合金门窗等保温性能好的门窗。严寒地区建筑采用断热金属门窗时，宜采用双层窗。夏热冬冷地区、温和A区建筑宜采用保温性能好的门窗	
		5.3.5 有保温要求的门窗、玻璃幕墙、采光顶采用的玻璃系统应为中空玻璃、Low-E中空玻璃、充惰性气体Low-E中空玻璃等保温性能良好的玻璃，保温要求高时，还可采用三玻两腔、真空玻璃等。传热系数较低的中空玻璃宜采用"暖边"中空玻璃间隔条	
		5.3.6 严寒地区、寒冷地区、夏热冬冷地区、温和A区的门窗、透光幕墙、采光顶周边与墙体、屋面板或其他围护结构连接处应采取保温、密封构造；当采用非防潮型保温材料填塞时，缝隙应采用密封材料或密封胶密封。其他地区应采取密封构造	

分类	类别	条文	出处
设计参数	气象参数	4.1.1 建筑热工设计区划分为两级。建筑热工设计一级区划指标及设计原则应符合表4.1.1的规定 建筑热工设计一级区划指标及设计原则　　　　表 4.1.1 （见下表）	《民用建筑热工设计规范》GB 50176—2016

建筑热工设计一级区划指标及设计原则　　　　表 4.1.1

一级区划名称	区划指标		设计原则
	主要指标	辅助指标	
严寒地区（1）	$t_{min \cdot m} \leq -10℃$	$145 \leq d_{\leq 5}$	必须充分满足冬季保温要求，一般可不考虑夏季防热
寒冷地区（2）	$-10℃ < t_{min \cdot m} \leq 0℃$	$90 \leq d_{\leq 5} < 145$	应满足冬季保温要求，部分地区兼顾夏季防热
夏热冬冷地区（3）	$0 < t_{min \cdot m} \leq 10℃$ $25℃ < t_{max \cdot m} \leq 30℃$	$0 \leq d_{\leq 5} < 90$ $40 \leq d_{\geq 25} \leq 110$	必须满足夏季防热要求，适当兼顾冬季保温
夏热冬暖地区（4）	$10℃ < t_{min \cdot m}$ $25℃ < t_{max \cdot m} \leq 29℃$	$100 \leq d_{\geq 25} < 200$	必须充分满足夏季放热要求，一般可不考虑冬季保温
温和地区（5）	$0 < t_{min \cdot m} \leq 13℃$ $18℃ < t_{max \cdot m} \leq 25℃$	$0 \leq d_{\leq 5} < 90$	部分地区应考虑冬季保温，一般可不考虑夏季防热

分类	类别	条文	出处
	气象参数	5.1.2 建筑节能计算应采用统一的气象参数，其计算用气象参数的选取宜符合现行行业标准《建筑节能气象参数标准》JGJ/T 346—2014的规定	《民用建筑绿色性能计算标准》JGJ/T 449—2018
	照明	5.1.5 建筑照明应符合下列规定： 照明数量和质量应符合现行国家标准《建筑照明设计标准》GB 50034—2013的规定	《绿色建筑评价标准》GB/T 50378—2019
		5.5.1 公共和工业建筑通用房间或场所照明标准值应符合表5.5.1的规定	《建筑照明设计标准》GB 50034—2013
		6.3.13 公共和工业建筑非爆炸危险场所通用房间或场所照明功率密度限值应符合表6.3.13的规定	
		7.3.1 公共建筑和工业建筑的走廊、楼梯间、门厅等公共场所的照明，宜按建筑使用条件和天然采光状况采取分区、分组控制措施	

续表

分类	类别	条文	出处
设计参数	照明	7.1.4 主要功能房间的照明功率密度值不应高于现行国家标准《建筑照明设计标准》GB 50034—2013规定的现行值；公共区域的照明系统应采用分区、定时、感应等节能控制；采光区域的照明控制应独立于其他区域的照明控制	《绿色建筑评价标准》GB/T 50378—2019
		6.3.1 室内照明功率密度（LPD）值应符合现行国家标准《建筑照明设计标准》GB 50034—2013的有关规定	《公共建筑节能设计标准》GB 50189—2015
		6.4.1 室内光环境计算应符合现行国家标准《建筑采光设计标准》GB 50033—2013、《建筑照明设计标准》GB 50034—2013和《绿色建筑评价标准》GB/T 50378—2019的有关规定	《民用建筑绿色性能计算标准》JGJ/T 449—2018
	采暖及空调	5.1.6 应采取措施保障室内热环境。采用集中供暖空调系统的建筑，房间内的温度、湿度、新风量等设计参数应符合现行国家标准《民用建筑供暖通风与空气调节设计规范》GB 50736—2012的有关规定；采用非集中供暖空调系统的建筑，应具有保障室内热环境的措施或预留条件	《绿色建筑评价标准》GB/T 50378—2019
		7.1.3 应根据建筑空间功能设置分区温度，合理降低室内过渡区空间的温度设定标准	
		3.0.1 供暖室内设计温度应符合下列规定： 1.严寒和寒冷地区主要房间应采用18～24℃； 2.夏热冬冷地区主要房间宜采用16～22℃； 3.设置值班供暖房间不应低于5℃	《民用建筑供暖通风与空气调节设计规范》GB 50736—2012
		3.0.2 舒适性空调室内设计参数应符合以下规定： 人员长期逗留区域空调室内设计参数应符合表3.0.2的规定	

人员长期逗留区域空调室内设计参数　　　表 3.0.2

类别	热舒适度等级	温度（℃）	相对湿度（%）	风速（m/s）
供热工况	Ⅰ级	22～24	≥30	≤0.2
	Ⅱ级	18～22	—	≤0.2
供冷工况	Ⅰ级	24～26	40～60	≤0.25
	Ⅱ级	26～28	≤70	≤0.3

注：1. Ⅰ级热舒适度较高，Ⅱ级热舒适度一般；
2. 热舒适度等级划分按本规范第3.0.4条确定

续表

分类	类别	条文	出处
设计参数	采暖及空调	3.0.6 设计最小新风量应符合下列规定: 1.公共建筑主要房间每人所需最小新风量应符合表3.0.6-1规定; 2.高密人群建筑每人所需最小新风量应按人员密度确定,且应符合表3.0.6-4规定	《民用建筑供暖通风与空气调节设计规范》GB 50736—2012

<table>
<tr><th colspan="2">公共建筑主要房间每人所需最小新风量 [m³/(h·人)]   表 3.0.6-1</th></tr>
<tr><td>建筑房间类型</td><td>新风量</td></tr>
<tr><td>办公室</td><td>30</td></tr>
<tr><td>客房</td><td>30</td></tr>
<tr><td>大堂、四季厅</td><td>10</td></tr>
</table>

高密度人群建筑每人所需最小新风量 [m³/(h·人)]   表 3.0.6-4

建筑类型	人员密度PF(人/m²)		
	PF≤0.4	0.4< PF ≤1.0	PF >1.0
影剧院、音乐厅、大会厅、多功能厅、会议室	14	12	11
商场、超市	19	16	15
博物馆、展览厅	19	16	15
交通建筑等候室	19	16	15
歌厅	23	20	19
酒吧、咖啡厅、宴会厅、餐厅	30	25	23
游艺厅、保龄球房	30	25	23
体育馆	19	16	15
健身房	40	38	37
教室	28	24	22
图书馆	20	17	16
幼儿园	30	25	23

6.1.4 设有机械通风的房间,人员所需的新风量应满足第3.0.6条的要求

续表

分类	类别	条文	出处
设计参数	传热系数	5.3.1 各个热工气候区建筑内对热环境有要求的房间，其外门窗、透光幕墙、采光顶的传热系数宜符合表5.3.1的规定，并应按表5.3.1的要求进行冬季的抗结露验算 **建筑外门窗、透光幕墙、采光顶传热系数的限值和抗露验算要求　表5.3.1** 下表	《民用建筑热工设计规范》GB 50176—2016
	遮阳系数	5.3.1 严寒地区、寒冷A区、温和地区门窗、透光幕墙、采光顶的冬季综合遮阳系数不宜小于0.37	
	窗墙比	3.2.2 严寒地区甲类公共建筑各单一立面窗墙面积比（包括透光幕墙）均不宜大于0.60；其他地区甲类公共建筑各单一立面窗墙面积比（包括透光幕墙）均不宜大于0.70	《公共建筑节能设计标准》GB 50189—2015
	节能计算及建模	5.1.1 建筑节能计算宜包括围护结构节能率、供暖和空调系统节能率、照明系统节能率和碳排放等专项计算，且应符合国家现行标准的有关规定	《民用建筑绿色性能计算标准》JGJ/T 449—2018

气候区	K [W/(m²·K)]	抗结露验算要求
严寒A区	≤2.0	验算
严寒B区	≤2.2	验算
严寒C区	≤2.5	验算
寒冷A区	≤3.0	验算
寒冷B区	≤3.0	验算
夏热冬冷A区	≤3.5	验算
夏热冬冷B区	≤4.0	不验算
夏热冬暖地区	—	不验算
温和A区	≤3.5	验算
温和B区	—	不验算

续表

分类	类别	条文	出处
设计参数	节能计算及建模	5.1.3 建筑节能计算软件应符合下列规定： 1.应能计算全年8760h逐时负荷； 2.应能反映建筑外围护结构热稳定性的影响； 3.应能计算不小于10个建筑分区； 4.应能分别设置工作日和节假日的室内人员数量、照明功率、设备功率、室内设定温度和新风量、送风温度等参数；且应能设置逐时室内人员在室率、照明开关时间表、电气设备逐时使用率、供暖通风和空调系统运行时间等	《民用建筑绿色性能计算标准》JGJ/T 449—2018
		5.2.3 参照建筑的围护结构热工性能应符合国家现行标准的有关规定，设计建筑的围护结构热工性能应按设计文件设定。设计建筑和参照建筑的照明功率密度、设备功率密度、人员密度及散热量、新风量、房间夏季设定温度和冬季设定温度、照明开关时间、设备使用率、人员在室率、新风运行情况、供暖空调系统运行时间、房间逐时温度等的设置应符合本标准附录C的规定	
		5.3.3 设计系统和参照系统的建筑围护结构性能参数应按设计建筑围护结构设置。照明功率密度、设备功率密度、人员密度及散热量、照明开关时间、设备使用率、人员在室率的设置应符合本标准附录C的规定	
		5.3.4 参照系统和设计系统的系统形式和参数的设置应符合下列规定： 1.新风量、新风逐时开关率、房间空调设定温度、供暖设定温度及房间逐时温度应符合本标准附录C的规定； 2.公共建筑设计系统和参照系统形式和参数的设置应符合表5.3.4-2的规定。在表中未提到的参数，参照系统应与设计系统保持一致	
		6.4.7 照明计算的物理模型应符合下列规定： 1.应按单个房间或区域建模； 2.物理模型应包括室内主要构件和家具，在不影响分析精度的前提下可对模型进行简化； 3.应包括设计文件中相应的灯具配光文件； 4.室内表面的反射比应按现行国家标准《建筑照明设计标准》GB 50034—2013的规定选取	
		附录C	

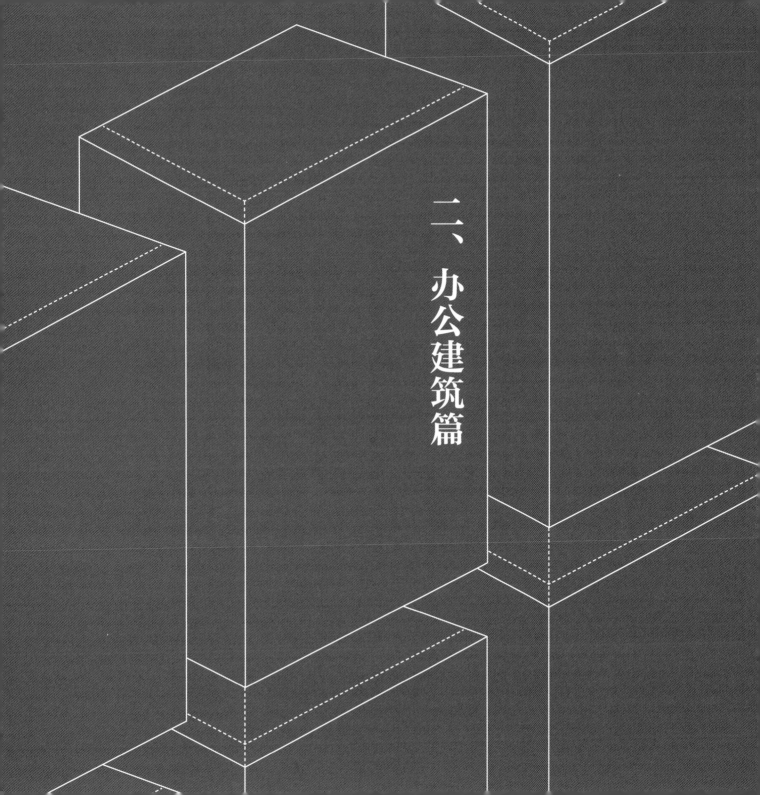

二、办公建筑篇

1 绿色办公建筑

1.1 概述

在近现代历史进程中，随着城市化的大规模演进，办公建筑逐渐成为城市中最常见、数量最多的公共建筑类型之一。如厂房是19世纪工业时代的象征一样，办公建筑可谓是后工业时代的标志。回顾漫长的建筑发展史，从封闭的方盒走廊式转变为开放与自由变化的空间，从追求新颖、高大的视觉感受发展至注重生态、文化等内在品质，办公建筑的空间形制因时代需求、技术进步而不断变化、更新，不断趋向开放、多元。

与此同时，不断推陈出新的办公建筑也愈发受到高能耗的困扰。一方面，大窗墙比、全玻璃幕墙等开放、现代的新型建筑表皮形式得到了大量应用，其高透过率、高传热水平使得室内环境极易受到外扰，而为获得可满足室内功能所需环境水平的精确控制，建筑的后期运行严重依赖主动式设备的调适，极大地增加了能耗水平；另一方面，运行管理与个人用能行为失当，进一步造成了能源资源的浪费。有学者基于中国建筑能耗模型（CBEM）计算得到2006年全年我国办公建筑总用电量约为1510亿kWh，占公共建筑总用电量的54.9%[1]。

为引导推动办公建筑的绿色设计、建设与运行，规范绿色办公建筑的评价工作，我国于2013年颁布制定了《绿色办公建筑评价标准》GB/T 50908—2013。标准的实施与应用，在一定程度上加快了绿色办公建筑的发展评价，且对于能源节约、室内环境质量提升均起到了积极作用。但因注重结果评价而对设计的引导作用有限，新标准的实施并未根本改变办公建筑基本负荷过高、环境恶化的现状，其性能控制举措仍主要依赖于暖通空调等主动式调适设备工作效率的提升。当下，针对降低办公建筑本体基本负荷水平，提升环境质量的被动式设计应用，大多仍停留在单一手段层面，基于办公建筑绿色设计中的整体性布局，还未有系统性的研究指引。

1.2 办公建筑绿色设计相关问题

当前，办公建筑绿色设计的主要问题突出表现在如下五个方面：场地气候适应性设计思考不足；形体设计优化不足；外围护结构性能不佳；空间组织模式同质化严重；过渡空间的被动节能潜力挖掘不足。

1.2.1 场地气候适应性设计思考不足

印度建筑师柯里亚认为"气候在根本上影响着我们的建筑物和我们的城市"。而在办公建筑相关设计规范中，场地设计的气候适应性相关规定多较为模糊，缺乏针对性的设计策略指导。在设计前期场地分析调研中，常未详细考虑气候条件、地形地貌条件对于气候适应性设计的影响。例如，当基地周边存在山体，若不通过实测数据了解场地风环境的真实状况，则难以合理组织自然通风，带走建筑内部余热及污染空气[2]。相似的，在总平面布局时，如若忽视了建筑不合理布局产生的日照遮挡和风路阻隔，易致使建筑各部分得热不均衡，影响室内环境舒适度，且在场地中形成无风区、静风区甚至是涡旋区，又会影响建筑通风，加重设备调节能耗负担。

此外，在办公建筑场地设计中，往往较少设计绿化，多采用硬质铺装，在夏季炎热环境下积累很多热量，可加剧过热室外微环境引发的办公建筑能耗攀升。

1.2.2 形体设计优化不足

某些地区的办公建筑体形系数虽能满足相关规范要求，但体形设计缺乏明确的绿色策略指导，优化不足。在建筑的形体设计时，建筑师常过度关注于建筑造型的设计，致使形体复杂、体形系数过大，导致建筑能耗过高，有研究显示，体形系数每增加0.01，耗热量指标增加2%~3%。

而过度关注建筑节能，使体形系数过小，又常会造成建筑布局单一，造型呆板。故办公建筑的形体设计应基于绿色性能目标发挥创造性，兼顾建筑造型与节能，权衡利弊，以确立合理的办公建筑的形体。

1.2.3 外围护结构性能不佳

建筑的外围护结构的根本作用在于抵御外界不利环境要素侵入和引入有利环境要素。而在办公建筑中，高层办公建筑多采用大窗墙比、玻璃幕墙等外围护结构形式给人以通透、明亮、开放、现代化的设计感受，但其高透光率、热工性能不佳，导致其成为建筑内外热交换最活跃的部位，极大地增加了建筑能耗。

与此同时，在外围护结构设计中，常在不同气候区采用一视同仁的设计手法，未能详细考虑不同气候差异下对于其性能的不同要求。此外，办公建筑外窗设计中，通风设计不合理、气密性不佳与遮阳设计考虑不足也是其围护结构设计的常见问题。

1.2.4 空间组织模式同质化严重

当前，因平面空间形式较为单一，我国大量办公建筑平面空间组织严重趋同，集中表现为办公空间围绕核心交通空间的布置形式，对诸多较大尺度的功能空间如开放式办公、大型会议室，以及各类小尺度空间如高档办公、普通办公、小型会议室等不同空间形式的综合组织，在各气候区未能依据其不同的性能需求及气候外扰表现进行差异化的平面空间组织。

事实上，我国不同气候区气候状况不尽相同，办公建筑相应的采暖与制冷需求也大不相同，同一平面组织形式在不同气候区的性能表现自然也具有显著的差异性。建筑师在平面组织时，应充分发掘平面组织形式的节能与环境优化潜力，根据实际情况进行选择。

1.2.5　过渡空间的被动调适潜力挖掘不足

在办公建筑中，自外部环境向室内空间转换时通常设置有各类过渡空间，如门斗、门厅、外廊、边庭等。在当前建筑创作实践中，这些过渡空间的朝向、尺寸与其他空间的相对位置等要素大多是依据相关规范标准要求，考虑基本自然采光与通风需求，依据建筑师的实践经验完成设计，但却往往可在绿色优化中发挥关键作用，故而其绿色潜力有待进一步挖掘。

此外，一些设计师为了追求打破常规的视觉与空间感受，盲目设置体量尺度过大的高大过渡空间，如过高的门厅、中庭、过廊、边廊等，往往导致高能耗与低舒适性的问题。

1.3　办公建筑绿色设计策略与方法

办公建筑的绿色设计，应结合所在地域实际气候状况、场地环境、建筑本体要素等从总平面布局优化、体形系数控制、围护结构性能优化以及内部功能空间组织优化等方面进行把控。

1.3.1　优化总平面布局与控制体形系数

我国气候状况差异大，在总平面布局时需要结合当地气候状况，充分考虑通风、采光、得热等因素，同时对建筑的体形系数有所控制。

（1）优化建筑朝向

在严寒、寒冷地区，建筑的朝向应保证冬季充分的日照和良好的室内热环境以有效降低采暖能耗。而在夏热冬冷、夏热冬暖地区，朝向的选择需要结合夏季主导风向与场地条件综合考虑，当场地环境受到制约，建筑不能处于最佳朝向时，需要就其做出设计权衡判断。办公建筑常用的应对夏季气候的朝向补偿措施有：将次要空间置于西向，并适当加大进深；在西侧设置户外活动阳台，利用自遮阳的方式避免西向阳光直晒；组织利用廊道穿堂风在夜间为室内降温等。

（2）利用自然通风

寒冷、夏热冬冷地区办公建筑在布局时对通风的考虑要同时兼顾夏季通风和冬季防风，可基于场所环境条件，利用建筑间相对位置的错列，通过形体的变化或引导通风或阻隔来风。而在夏热冬暖地区，总平面布局时则需强调开敞与通透，在建筑单体设计时，应合理布局，充分利用夏季夜间通风带走室内余热。

（3）优化自然采光

随着城市的迅速扩张，城区建筑用地日益紧张，办公建筑多在原有基础上扩建或另寻场地重建，常出现间距过小、采光不足等现象，致使其照明能耗过高。因而办公建筑在总平面布局时应注意减少周边建筑遮挡，争取更多的自然采光，或采用中庭设计辅助改善平面深处采光，降低建筑照明能耗。而在市郊以外选址的办公建筑，由于基地面积充足，建筑周围遮挡较少，采光状况良好，可通过建筑布局增大自然采光面积，避免西晒。

（4）改善绿化状况

《办公建筑设计标准》JGJ/T 67—2019规定，规定设计总平面时应进行环境和绿化设计。目前，办公建筑多存在前侧广场绿化缺失，硬化过多的现象。硬化材质较强的蓄热能力会导致建筑场地热岛效应增强，影响室内温度。可根据场地条件，优化建筑周边植被景观等绿化系统设计，如多设置草坪、低矮灌木，可降低辐射热量，显著改善建筑外部微气候环境，降低建筑采暖与制冷能耗。在改善绿化状况时，需注意合理的绿化配置。

（5）控制体形系数

体形系数决定了单位建筑空间散热面积的大小，因而控制建筑体形系数是办公建筑节能设计的关键环节。在严寒、寒冷地区，体形系数越低，越有利于节能；对于高层办公建筑，可以通过增加建筑高度，或是控制标准层平面外墙总长与建筑面积比，来降低体形系数以控制建筑能耗[3]。

1.3.2 优化外围护结构性能

我国现行《公共建筑节能设计标准》GB 50189—2015规定，对不同气候区的建筑外围护结构的传热系数做了限定。

（1）优化玻璃幕墙热工性能

针对办公建筑常用玻璃幕墙外立面传热性能显著高于普通墙体导致建筑整体能耗大幅增加的问题，可用的节能措施包括采用双层中空玻璃幕墙，选择Low-E玻璃和选用断热型材玻璃幕墙组件等。

（2）优化外窗性能

《公共建筑节能设计标准》GB 50189—2015规定，甲类公共建筑严寒地区各单一立面窗墙面积比（包括透光幕墙）均不宜大于0.60和0.70。但也同时规定，在设计中，应基于标准要求及各气候区实际气候条件，考虑采光、遮阳、自然通风、得热等需求，合理控制各朝向的窗墙比。事实上，因偏好开放通透的立面效果而被广泛采用的大窗墙比或玻璃幕墙早已不为此所拘泥。幕墙或大窗墙比的热性能缺陷，除可通过改善玻璃的传热性能加以控制之外，也可通过提高外窗气密性、窗框的保温性能以及改善玻璃的保温能力等措施以减少外窗处能量流失；或是通过建筑自遮阳或采用内、外遮阳构件，有效阻挡直射以降低建筑得热来予以改善。

（3）优化外墙体性能

《办公建筑设计标准》JGJ/T 67—2019规定，虽未对建筑围护结构的热工性能进行明确规定，但墙体的传热系数不宜超过《公共建筑节能设计标准》GB 50189—2015规定的限值，否则会造成经由外墙的传热量过多，增加建筑能耗。在严寒地区和寒冷地区，建筑墙体可选用保温隔热性能较高的构造设计，例如：复合保温墙体。在夏热冬冷地区，墙体设计则需要兼顾夏季遮阳与冬季保温，除了保证外墙体热工性能外，还需注意遮阳设计以减少夏季空调能耗。在夏热冬暖地区，夏季防热成为墙体设计的重点，一般不考虑冬季保温，可考虑采用防晒墙、绿化墙、水幕墙等生态建筑设计方法，有效降低室外温度对于建筑内部的影响。

1.3.3　优化内部空间组织及单一空间形态

各个气候区的办公建筑节能设计可在满足使用功能与主要空间采光通风的前提下，对影响建筑能耗的平面组织和布局、各功能空间的朝向和面积占比、高大空间的剖面布置等空间设计因素进行权衡考虑，使其综合绿色性能最为优化。

针对内部空间组织，首先，在办公建筑绿色设计中，应尽量将较高性能空间（如高档办公、会议等）布置在内侧，较低性能空间（如设备间、卫生间等）布置在外围，同时避免在顶层布置空调房间，降低室外物理环境对于较高性能空间的影响。其次，应结合气候特征及地理条件，合理布置核心筒位置，利用其缓冲作用减少采暖与制冷能耗。但同时需注意核心筒偏于一侧会降低办公空间的自然采光面积，导致照明能耗大幅增加。

针对单一空间形态，主要需聚焦于建筑中节能潜力较大的，或者优化空间较大的单一空间，如门厅、开放式办公等空间，对其体量、体态、布局等进行推敲，以寻求最佳节能形态。以门厅为例，门厅作为入口空间与室外换热频繁致其热环境较不稳定。在严寒、寒冷地区，门厅应避开冬季主导风向，空间规模与外立面窗墙比不宜过大，墙体材料保温性能要高，需设门斗缓冲冷风渗透影响。在夏热冬暖地区，则需重点关注夏季得热情况，通过增大挑檐挑出长度，优化门厅通高、进深、面积占比等要素，降低制冷能耗。

1.4　现有规范中的办公建筑空间设计指标

《绿色办公建筑评价标准》GB/T 50908—2013规定，对办公建筑全寿命期内节能、节地、节水、节材、室内环境质量、运营管理等性能进行了综合评价。

《办公建筑设计标准》JGJ/T 67—2019规定，为使办公建筑设计满足安全卫生、适用经济、节能环保等基本要求，针对办公建筑的基地和总平面、建筑设计、防火设计、室内环境和建筑设备做出了相应规定。

针对办公建筑的总体空间形式，现有规范尚未做出相应规定。

针对办公建筑的功能空间组织亦无明确规定。办公建筑的功能多样，组织形式繁多，不同的组织形式造成性能差异。现有规范仅针对各功能区自身做出相应节能规定，并未考虑不同功能空间组织对建筑综合性能的影响。

针对办公建筑内部单一空间的形态设计尚无相应规范进行明确规定。目前，规范仅针对建筑中庭等空间做出了节能规定，未考虑空间体态、空间分布、空间大小与建筑性能的关系。

表2-1将现有规范中涉及办公建筑设计的空间设计指标进行了梳理和归纳。

办公建筑设计空间设计指标　　　　　　　　　　　　　　　　　　表2-1

分类	类别	条文	出处
空间设计要求	体形及朝向	7.1.1 应结合场地自然条件和建筑功能需求，对建筑的体形、平面布局、空间尺度、围护结构等进行节能设计，且应符合国家有关节能设计的要求	《绿色建筑评价标准》GB/T 50378—2019
	空间	4.1.9 办公建筑的走道应符合下列规定： 1.宽度应满足防火疏散要求，最小净宽应符合表4.1.9的规定。注：高层内筒结构的回廊式走道净宽最小值同单面布房走道； 2.高差不足0.30m时，不应设置台阶，应设坡道，其坡度不应大于1：8	《办公建筑设计标准》JGJ/T 67—2019
		4.1.11 办公建筑的净高应符合下列规定： 1.有集中空调设施并有吊顶的单间式和单元式办公室净高不应低于2.50m； 2.无集中空调设施的单间式和单元式办公室净高不应低于2.70m； 3.有集中空调设施并有吊顶的开放式和半开放式办公室净高不应低于2.70m； 4.无集中空调设施的开放式和半开放式办公室净高不应低于2.90m； 5.走道净高不应低于2.20m，储藏间净高不宜低于2m	
		4.2.3 普通办公室应符合下列规定： 普通办公室每人使用面积不应小于6m²，单间办公室使用面积不宜小于10m²	
		4.3.2 会议室应符合下列规定： 中、小会议室可分散布置。小会议室使用面积不宜小于30m²，中会议室使用面积不宜小于60m²	
		4.1.2 办公建筑空间布局应做到功能分区合理、内外交通联系方便、各种流线组织良好，保证办公用房、公共用房和服务用房有良好的办公和活动环境	《绿色办公建筑评价标准》GB/T 50908—2013
		4.1.8 办公建筑的门厅应符合下列规定： 1.门厅内可附设传达、收发、会客、服务、问讯、展示等功能房间（场所）；根据使用要求也可设商务中心、咖啡厅、警卫室、快递储物间等； 2.楼梯、电梯厅宜与门厅邻近设置，并应满足消防疏散的要求； 3.严寒和寒冷地区的门厅应设门斗或其他防寒设施； 4.夏热冬冷地区门厅与高大中庭空间相连时宜设门斗	
		4.2.6 严寒地区建筑出入口应设门斗或热风幕等避风设施，寒冷地区建筑出入口宜设门斗或热风幕等避风设施	《民用建筑热工设计规范》GB 50176—2016
		4.2.14 日照充足地区宜在建筑南向设置阳光间，阳光间与房间之间的围护结构应具有一定的保温能力	

续表

分类	类别	条文	出处
构造要求	墙体	5.1.1 围护结构热工性能指标应符合国家批准或备案的现行公共建筑节能标准的规定	《绿色办公建筑评价标准》GB/T 50908—2013
		3.2.7 甲类公共建筑的屋顶透光部分面积不应大于屋顶总面积的20%。当不能满足本条的规定时，必须按本标准规定的方法进行权衡判断	《公共建筑节能设计标准》GB 50189—2015
	门窗	3.2.10 严寒地区建筑的外门应设置门斗；寒冷地区建筑面向冬季主导风向的外门应设置门斗或双层外门，其他外门宜设置门斗或应采取其他减少冷风渗透的措施；夏热冬冷、夏热冬暖和温和地区建筑的外门应采取保温隔热措施	
		3.3.1 根据建筑热工设计的气候分区，甲类公共建筑的围护结构热工性能应分别符合表3.3.1-1～表3.3.1-6的规定。当不能满足本条的规定时，必须按本标准规定的方法进行权衡判断	
设计参数	照明	5.4.1 各房间或场所照明功率密度值不应高于现行国家标准《建筑照明设计标准》GB 50034—2013有关强制性条文的规定	《绿色办公建筑评价标准》GB/T 50908—2013
		8.1.1 主要功能空间室内照度、照度均匀度、眩光控制、光的颜色质量等指标应满足现行国家标准《建筑照明设计标准》GB 50034—2013的有关规定	
		4.3.5 公用厕所应符合下列规定： 1.公用厕所服务半径不宜大于50m； 2.公用厕所宜有天然采光、通风，并应采取机械通风措施	《办公建筑设计标准》JGJ/T 67—2019
		6.2.1 办公室应有自然采光，会议室宜有自然采光	
		6.2.2 办公建筑的采光标准值应符合表6.2.2的规定	
		7.3.5 照明标准值和照明功率密度限值应符合现行国家标准《建筑照明设计标准》GB 50034—2013的规定；应采用高效、节能的荧光灯及其他节能型光源；当选用发光二极管灯光源时，其色度应符合现行相关规范的规定	
		5.3.2 办公建筑照明标准值应符合表5.3.2的规定	《建筑照明设计标准》GB 50034—2013
		6.3.3 办公建筑和其他类型建筑中具有办公用途场所的照明功率密度限值应符合表6.3.3的规定	
		4.0.8 办公建筑的采光标准值不应低于表4.0.8的规定	《建筑采光设计标准》GB 50033—2013

分类	类别	条文	出处
设计参数	采暖及空调	5.3.1 空气调节与采暖系统的冷热源设计应符合现行国家和地方公共建筑节能标准及相关节能设计标准中强制性条文的规定	《绿色办公建筑评价标准》GB/T 50908—2013
		8.3.1 采用集中空调的建筑，房间内的温度、湿度等参数应符合现行国家标准《公共建筑节能设计标准》GB 50189—2015的有关规定	
		8.4.3 采用集中空调的建筑，新风量应符合现行国家标准《公共建筑节能设计标准》GB 50189—2015的有关规定	
		7.2.10 根据办公建筑类别不同，其室内主要空调指标应符合下列规定： 1. A类、B类办公建筑应符合下列条件： 　1）室内温度：夏季应为24～26℃，冬季应为20～22℃； 　2）室内相对湿度：夏季应为40%～60%，冬季应大于或等于30%； 　3）新风量每人每小时不应低于30m³； 　4）室内风速：夏季应小于或等于0.25m/s，冬季应小于或等于0.20m/s； 　5）室内空气中可吸入颗粒物PM_{10}应小于或等于0.15mg/m³； 　6）当采用集中空调通风系统时，应设置空气净化、消毒杀菌的装置。 2. C类办公建筑应符合下列条件： 　1）室内温度：夏季应为26～28℃，冬季应为18～20℃； 　2）室内相对湿度：夏季应小于或等于70%，冬季不控制； 　3）新风量每人每小时不应低于30m³； 　4）室内风速：夏季应小于或等于0.30m/s，冬季应小于或等于0.20m/s； 　5）室内空气中可吸入颗粒物PM_{10}应小于或等于0.15mg/m³； 　6）当采用集中空调通风系统时，应设置空气净化、消毒杀菌的装置	《办公建筑设计标准》JGJ/T 67—2019
	节能计算及建模	9.2.1 建筑能耗和水耗应实行分类、分项计量与分用户计量收费，有完整的记录、分析与管理	《绿色办公建筑评价标准》GB/T 50908—2013
		7.2.8 采取措施降低建筑能耗，评价总分值为10分。建筑能耗相比国家现行有关建筑节能标准降低10%，得5分；降低20%，得10分	
		4.1.3 办公建筑应进行节能设计，并符合现行国家标准《公共建筑节能设计标准》GB 50189—2015和《民用建筑热工设计规范》GB 50176—2016的有关规定。办公建筑在方案与初步设计阶段应编制绿色设计专篇，施工图设计文件应注明对绿色建筑相关技术施工与建筑运营管理的技术要求	《办公建筑设计标准》JG/J 67—2019

1.5　办公建筑空间形态绿色设计研究框架

　　针对当前我国办公建筑设计存在的问题，和绿色设计亟须的相应设计策略与方法，本图解办公建筑篇针对办公建筑的空间形态绿色设计中总体空间形式设计、功能空间组织设计、典型关键空间形态设计各设计内容，通过典型原型抽取、性能模拟分析、策略归纳总结，以图示化形式初步探索，形成了办公建筑适应我国不同典型气候条件的相应空间模式。

　　办公建筑性能模拟采用动态能耗模拟软件Design builder，运行的计算引擎是Energy-Plus、DAYSIM等，针对基准与假想优化模型开展了能耗、光环境、热舒适各方面的性能仿真模拟计算，以评估各空间形态设计手法与策略的有效性。

　　针对能耗模拟，模拟导出的建筑能耗包括制冷负荷、采暖负荷和照明能耗，为综合考虑自然采光增益、得热效果等综合能耗影响，全面评估不同设计举措的综合能耗性能，经COP折算后，模拟以总能耗结合分项能耗进行评估。为弱化设备性能对模拟结果的影响，突出创作设计下建筑本体负荷性能的差异，并考虑公共建筑常用采暖制冷设备性能表现，在各气候区，各典型模型中选择统一COP值4.50对负荷进行能耗计算[4、5]。

　　针对光环境模拟分析，虽现行《建筑采光设计标准》GB 50033—2013中仍采用静态评价方法，但考虑到气候适应性设计应基于全年采光质量开展更具科学性的研究，且2019版《绿色建筑评价标准》GB/T 50378—2019中针对公共建筑的光环境评价，为区别于住宅建筑，已逐步采用了全年动态评价方法，故本研究选择采用全年动态采光模拟方法，参考北美照明学会IES（Illuminating Engineering Society）推荐的衡量标准，选择采光阈占比sDA（Spatial Daylight Autonomy）、有效日光照度UDI（Useful Daylight Illuminance）作为主要光环境评价指标，按照美国LEEDv4和WELLv1广泛采用的$sDA_{300/50\%}$（即空间所有水平照度计算点中在一年中有超过50%的时间在自然采光下就达到300lx的面积百分比）和$UDI_{100lx<E<2000lx}$（即空间各点仅在自然光照射下照度在100lx到2000lx的时间百分比）作为评价标准。

　　针对热环境与热舒适模拟计算分析，考虑我国2019版《绿色建筑评价标准》GB/T 50378—2019以自然通风或人工冷热源状态下的空间舒适时间占比进行评价，且针对公共建筑以过渡季典型工况下功能房间平均自然通风换气次数不小于2次/h的基准水平考量，同时考虑我国《民用建筑室内热湿环境评价标准》GB/T 50785—2012、《健康建筑评价标准》T/ASC 02—2016等相关标准中均以±0.5、±1为临界值作为PMV、APMV的Ⅰ、Ⅱ级热湿环境评标准，故本研究选择在自然通风即非人工冷热源状况下，2次/h自然通风换气次数水平状态下对试验空间进行全年热环境模拟及热舒适指标计算，按照−0.5≤APMV≤+0.5、−1≤APMV<−0.5或0.5<APMV≤1分别作为Ⅰ、Ⅱ级热舒适标准，统计全年的热舒适小时数占比，由此对其热湿环境水平进行分析评价。

　　研究按照"办公建筑原型界定—空间形态设计因素分析—性能模拟实验—绿色性能验证分析—归纳结论与策略"的逻辑展开。首先，通过理论分析和案例调研建立典型办公建筑空间形态原型，对围护结构实体、开口、构件、运行时间、人员在室率、发热量、新陈代谢水平、服装热阻和其他设备进行统一的参数设置。其次，针对各关键空间形态设计变量开展对照数值模拟计算反对比验证分析。最后，通过理论分析比较，总结得出其总体空间形式设计、功能空间组织设计、典型关键空间形态设计相应的适宜性设计策略，研究的具体框架如图2-1所示。

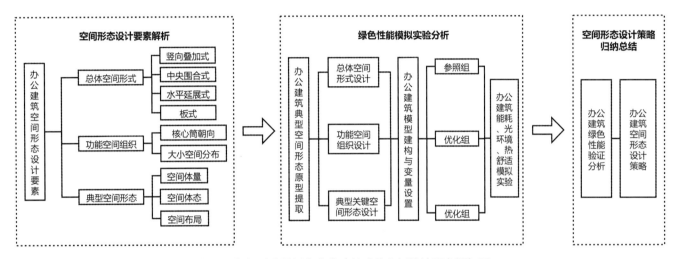

图2-1　气候适应性绿色办公建筑功能空间设计研究框架图

参考文献

[1]　杨秀. 基于能耗数据的中国建筑节能问题研究研究[D]. 北京：清华大学，2009.

[2]　姚远. 岭南办公建筑被动式设计策略研究[D]. 广州：华南理工大学，2011.

[3]　宋德萱. 节能建筑设计与技术[M]. 上海：同济大学出版社. 2003.

[4]　徐燊，江海华，王江华. 五种气候区条件下建筑窗墙比对建筑能耗影响的参数研究[J]. 建筑科学，2019，35（4）：1-6.

[5]　田一辛，黄琼，赵敬源，等. 寒冷地区低能耗办公建筑布局研究[J]. 建筑节能，2018，46（7）：1-5.

2 办公建筑绿色空间模式

2.1 办公建筑总体空间形式绿色设计

2.1.1 调研与整理

办公建筑的总体空间形式提取，实际调研选取了我国严寒、寒冷、夏热冬冷、夏热冬暖四个典型气候区中9个代表城市的28个典型办公建筑。通过将案例进行归纳整理和实际调研两种方式，将办公建筑归纳为竖向叠加式、中央围合式、水平延展式和板式四种总体空间形式。

将办公建筑调研案例的设计参数进行归纳整理，发现办公建筑的面积分部区间较大，从3万~28万m²均有涉及。但四种总体空间形式均有分布的体量主要集中在7万~12万m²，因此，本书选取10万m²作为办公建筑的代表面积，并基于此数值进行了相关的建模设计。其中，竖向叠加式原型为26层高层建筑，主要功能空间通过竖向标准层叠加形成塔楼的形式，其他空间一般设置于配套的裙房中；中央围合式为10层高层建筑，以中庭为核心，其他功能空间围绕中庭布置；水平延展式为10层高层建筑，由一条主要线性公共空间串联若干条分枝功能区的空间组合模式；板式为25层高层建筑，采用内廊式布局，两侧为单元型办公空间。

办公建筑的中庭占比，经统计确定常见的区间为10%~30%，在本文中选取20%作为标准参数进行模型设置。同理，确定标准模型窗墙比为50%，层高为4.5m，层数为10层，建筑功能主要分为中庭空间、核心交通空间及大小办公空间。

为完成办公建筑的系列性能模拟，需对构建模型与边界条件进行一系列相关设置，其中模型的围护结构参数依照《公共建筑节能设计标准》GB 50189—2015中规定的公共建筑围护结构热工性能限值，将规范中设计的热工参数作为模拟中的默认参量，进行了模型设置。在总体空间形式模拟中，基于案例调研，选择典型立面窗墙比为0.5，模型有设置天窗的，其开窗面积与所设中庭底层面积一致。在功能空间组合及典型单一空间模拟中，均采用相同数据，具体参数设置如表2-2所示。

结构参数设置 表2-2

	构造层次	热工性能
外墙	水泥砂浆20mm 聚苯乙烯泡沫板80mm 混凝土砌块100mm 石膏抹面15mm	传热系数为0.362W/（m²·K）
内墙	石膏板25mm 空气间层100mm 石膏板25mm	传热系数为1.639W/（m²·K）

续表

	构造层次	热工性能
玻璃隔断	普通玻璃3mm 空气间层6mm 普通玻璃3mm 空气间层6mm 普通玻璃3mm	传热系数为2.178W/（$m^2 \cdot K$）
外窗	双层Low-E玻璃	传热系数为1.786W/（$m^2 \cdot K$）
屋面	水泥砂浆20mm 沥青10mm 泡沫塑料150mm 混凝土铸件100mm 石膏抹面20mm	传热系数为0.237W/（$m^2 \cdot K$）

针对能耗模拟，为客观反映暖通空调设备作为建筑能耗主体，选择人工冷热源工况进行能耗模拟。并基于全楼典型功能空间类型及比例，选取或折算代表性功能空间的照明、设备功率密度、人员密度、散热量、新风量、运行时间、冬夏季房间设定温度等，用以统一设置总体空间形式模型的相应参数。

针对光环境、热舒适模拟，考虑各对照组模型标准层于全楼的典型性与代表性，仅选择代表性典型标准层进行模拟分析。在进行光环境模拟设置时，按照《建筑采光设计标准》GB 50033—2013，依据不同热工气候分区代表性城市对应的光气候区、光气候系数K值计算确定其不同的采光系数标准值，同时依据《民用建筑绿色性能计算标准》JGJ/T 449—2018等要求，选取0.75m为计算工作平面高度，1m×1m为计算测点网格精度。在进行热舒适模拟设置时，同样选择代表性典型标准层进行模拟分析，并且选择自然通风即非人工冷热源状况下2次/h自然通风换气水平开展逐时模拟。通过统计全年运行时间中舒适小时数占比评价其热舒适水平。新陈代谢水平依据《民用建筑室内热湿环境评价标准》GB/T 50785—2012规定各类活动标准值，基于全楼典型功能空间类型及比例，按男女平均折算为147W/人，服装热阻依据相同标准中代表性服装热阻表中的典型全套服装热阻，设置不同气候区冬夏服装热阻，如表2-3所示。

服装热阻设置　　　　　　　　　　　　　　　　　　　　　　　　　　表2-3

气候区	套装搭配（CLO）	
	冬季	夏季
严寒地区	2.275	0.7
寒冷地区	1.6	0.5
夏热冬冷地区	1.6	0.5
夏热冬暖地区	1.0	0.3

2.1.2　原型与分析

基于前期案例搜集整理，将办公建筑总体空间形式分为：竖向叠加式、中央围合式、水平延展式、板式四种类型。

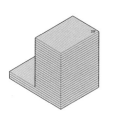

深圳市地铁大厦

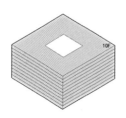

中国银行总行大厦

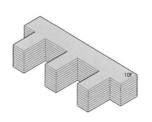

万科中心

商务部办公楼改建

竖向叠加式

竖向叠加式为26层高层建筑，主要功能空间通过竖向标准层叠加形成塔楼，其他空间一般设置于配套的裙房中。

中央围合式

中央围合式为10层高层建筑，以中庭为核心，其他功能空间围绕中庭布置。

水平延展式

水平延展式为10层高层建筑，由一条主要线性公共空间串联若干分枝功能区的空间组合模式。

板式

板式为25层高层建筑，采用内廊式布局，两侧为单元型办公空间。

2.1.3 模拟与结论

选取各气候区的典型城市（严寒地区选择哈尔滨，寒冷地区选择北京，夏热冬冷地区选择上海，夏热冬暖地区选择广州），模拟得到各总体空间形式在各个气候区的负荷情况。依据《公共建筑节能设计标准》GB 50189—2015中设备系统性能系数（COP）的规定，选取哈尔滨、北京、上海和广州四个地区的COP为4.50，统一将负荷进行折算，并对得到的能耗结果进行比较。

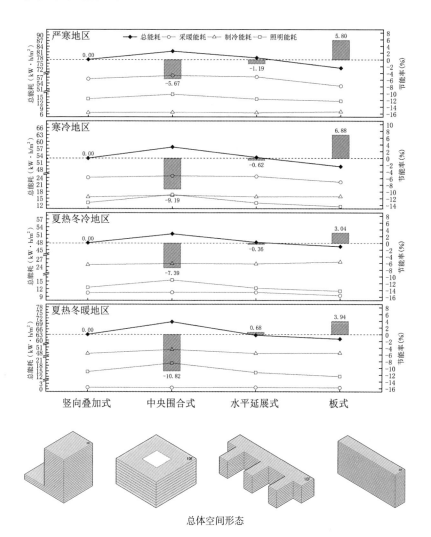

总体空间形态

经模拟，能耗结果显示：

（1）在四个气候区中，建筑总能耗趋势相同，都表现为板式最低、中央围合式最高。

（2）在严寒、寒冷和夏热冬冷地区，板式的采暖和照明能耗显著低于其他总体空间形式，产生了较好的节能效果。在夏热冬暖地区，板式的照明能耗显著低于其他空间形式，产生了较好的节能效果。

（3）在严寒和寒冷地区，竖向叠加式和水平延展式的节能率相近，与板式相差相对较大。在夏热冬冷和夏热冬暖地区，竖向叠加式和水平延展式的节能率相近，且与板式相差相对较小。

由此得出办公建筑总体空间形式的节能优化建议：

在严寒和寒冷地区，宜选用板式。在夏热冬冷和夏热冬暖地区，一般选用板式最佳，综合造型设计、功能组合等因素，权衡利弊，亦可选择竖向叠加式或水平延展式。

2.1.4　光环境模拟与结论

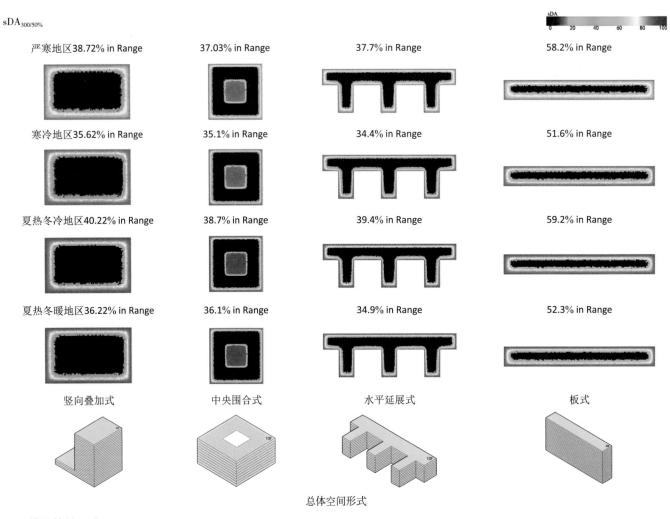

$sDA_{300/50\%}$

严寒地区38.72% in Range	37.03% in Range	37.7% in Range	58.2% in Range
寒冷地区35.62% in Range	35.1% in Range	34.4% in Range	51.6% in Range
夏热冬冷地区40.22% in Range	38.7% in Range	39.4% in Range	59.2% in Range
夏热冬暖地区36.22% in Range	36.1% in Range	34.9% in Range	52.3% in Range

竖向叠加式　　　中央围合式　　　水平延展式　　　板式

总体空间形式

模拟结果显示：

在四个气候区中，光照强度状况差异总体相似，都表现为板式总体采光最强，竖向叠加式其次，中央围合式和水平延展式相对不足。从严寒至夏热冬暖地区，近透明围护结构区域最高采光水平逐步增强，且在严寒和夏热冬冷地区，板式和竖向叠加式的采光优势更为明显，同时光强较高区域的进深更深，这可能与代表城市的太阳高度角与日照时数相关。

由此得出办公建筑总体空间形式的采光优化建议：

在严寒和寒冷地区，宜选用板式或竖向叠加式获得最佳采光。在寒冷和夏热冬冷地区，为获得最佳采光效果，仍宜选用板式，但可综合造型设计、功能组合等因素，权衡利弊。

UDI$_{100lx<E<2000lx}$

Hrs
0.00 20.00 40.00 60.00 80.00 100.00

严寒地区 41.54% in Range	29.6% in Range	44.6% in Range	69.8% in Range

寒冷地区 41.77% in Range	29.3% in Range	43% in Range	66% in Range

夏热冬冷地区 41.18% in Range	29.2% in Range	44.4% in Range	68.2% in Range

夏热冬暖地区 41% in Range	28.3% in Range	42.5% in Range	64% in Range

竖向叠加式	中央围合式	水平延展式	板式

总体空间形式

模拟结果显示：

（1）四个气候区的采光质量总体相似，但夏热冬暖气候区采光质量相对较为不足，这可能与其相对较高的太阳高度角有关。

（2）在四个气候区中，光照强度状况差异总体相似，都表现为板式总体采光质量最优，中央围合式采光质量较差，但水平延展式的采光质量相对优于竖向叠加式，但受益进深相对较浅。

由此得出办公建筑总体空间形式的采光优化建议：

在各气候区均可考虑选用板式、水平延展式或竖向叠加式获得较好的采光质量。在各气候区，均应谨慎选用具有采光中庭的中央围合式。

2.1.5 热舒适模拟与结论

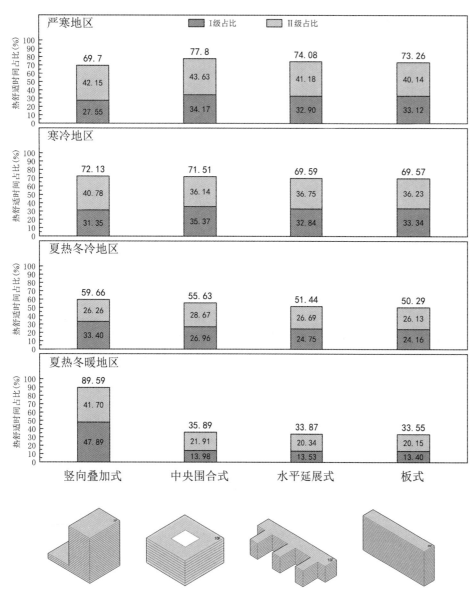

严寒地区　■ I级占比　■ II级占比

	竖向叠加式	中央围合式	水平延展式	板式
严寒地区	69.7 (42.15 / 27.55)	77.8 (43.63 / 34.17)	74.08 (41.18 / 32.90)	73.26 (40.14 / 33.12)
寒冷地区	72.13 (40.78 / 31.35)	71.51 (36.14 / 35.37)	69.59 (36.75 / 32.84)	69.57 (36.23 / 33.34)
夏热冬冷地区	59.66 (26.26 / 33.40)	55.63 (28.67 / 26.96)	51.44 (26.69 / 24.75)	50.29 (26.13 / 24.16)
夏热冬暖地区	89.59 (41.70 / 47.89)	35.89 (21.91 / 13.98)	33.87 (20.34 / 13.53)	33.55 (20.15 / 13.40)

纵轴：热舒适时间占比(%)

总体空间形式

模拟结果显示：

（1）严寒地区中央围合式热舒适状况相对较优，竖向叠加式相对不足。

（2）寒冷气候区各模式间差异不大。

（3）夏热冬冷、夏热冬暖气候区竖向叠加式热舒适状况最优。

（4）夏热冬暖气候区竖向叠加式热舒适状况远高于其他总体空间模式。

由此得出办公建筑总体空间形式的热舒适优化建议：

（1）在严寒地区，宜选用中央围合式或水平延展式获得最佳热舒适状况。

（2）在夏热冬冷、夏热冬暖气候区，宜选用竖向叠加式获得最佳热舒适状况。

（3）在寒冷地区具有较大设计自由，可综合造型设计、功能组合等因素，权衡利弊。

2.2 办公建筑功能空间组织绿色设计

2.2.1 调研与整理

在总体空间形式模拟结果的基础上，综合考虑优化以及应用前景，最终选定竖向叠加式和中央围合式进行功能空间组织的绿色设计性能模拟分析。

基于第一步的案例调研，总结办公建筑普遍的功能、流线、结构要求，合理排布相对固定与灵活的空间位置，罗列出各功能空间组织选项。目前，现有的办公功能模式，在平面布局方面，大致为：中庭和交通核置于办公建筑中心，办公区以及会议室围绕中庭和交通核布置。因此，将竖向叠加式的标准模型设置为：中心为核心交通，大小空间办公以及会议围绕核心筒布置。中央围合式为：中心为通高中庭，大小空间办公以及会议围绕中庭布置。

依据《民用建筑绿色性能计算标准》JGJ/T 449—2018确定办公建筑功能为：小空间（高档）办公、开放式办公、会议、中庭、走廊、设备间、卫生间、楼电梯八大功能区域。

构建模型与边界条件的相关设置主要依循第一步总体空间形式的设置方式，如围护结构、典型窗墙比等。针对空间组织中更为细分多样化的功能空间，依照规范赋予了不同区域对应的参数，具体参数设置如表2-4所示。

办公建筑房间分区参数 表2-4

分区名称	照明功率密度（W/m²）	设备功率密度（W/m²）	人员密度（m²/人）	人员散热量（W/人）	新风量 [m³/(h·人)]	房间夏季设定温度（℃）	房间冬季设定温度（℃）	房间照度（lx）	参考平面及高度（m）
小空间办公	15	15	8	134	30	26	20	500	0.75m水平面
开放式办公	9	15	8	134	30	26	20	300	0.75m水平面
会议	9	15	2.5	108	14	26	18	300	0.75m水平面
走廊	5	15	50	134	20	26	16	150	地面
楼电梯	5	15	0	134	20	28	16	150	地面
设备间	6	15	0	134	0	28	16	150	地面
卫生间	6	15	20	134	20	28	18	150	地面
中庭	5	15	50	134	20	26	16	200	地面
门厅	11	15	30	134	20	26	18	300	0.75m水平面
辅助	5	15	0	134	20	28	16	150	地面
商业	10	13	4	181	19	26	20	300	0.75m水平面
其他	9	15	10	134	30	26	20	300	0.75m水平面

考虑竖向叠加式和中央围合式标准层之于全楼的代表性，本节的能耗、光环境、热舒适模拟研究仍仅选择典型标准层进行模拟验证分析。其中，针对光环境模拟设置，采光系数标准值、计算工作平面高度、计算测点网格精度等的确定均与第一步总体空间形式的设置保持一致。针对能耗与热舒适模拟设置，冷热源工况、暖通空调设备COP、自然通风工况时换气次数要求、人员服装热阻的设置同样与之保持一致。热舒适逐时模拟时依据《民用建筑室内热湿环境评价标准》GB/T 50785—2012，为不同功能空间设置了相应不同的新陈代谢水平，如表2-5所示。

办公建筑各功能空间人员新陈代谢水平 表2-5

功能分区	活动类型	Met（1Met=58.15W/m^2）	W/人
楼电梯	①平地步行 3km/h； ②立姿，放松	1.9	183.96
走廊	平地步行 4km/h	2.8	271.10
辅助	①平地步行 3km/h； ②立姿，放松	1.9	183.96
小空间办公	坐姿活动（办公室、居住建筑、学校、实验室）	1.2	116.18
高档办公	坐姿活动（办公室、居住建筑、学校、实验室）	1.2	116.18
会议	坐姿活动（办公室、居住建筑、学校、实验室）	1.2	116.18
普通办公	坐姿活动（办公室、居住建筑、学校、实验室）	1.2	116.18
门厅	①平地步行 3km/h； ②立姿，放松	2.1	203.32
中庭	①平地步行 3km/h； ②立姿，放松	2.1	203.32

2.2.2 原型与分析

经前期模拟，竖向叠加式和中央围合式对于不同空间布局关系、变量的敏感性有较大差别，因此确定两种不同组织模式的优化方向为：竖向叠加式进行核心筒位置和开放办公空间布局优化，中央围合式则进行大小空间布局优化。

（一）竖向叠加式

1. 核心筒位置

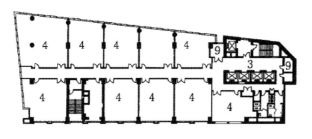 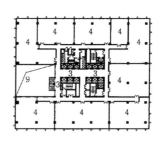

华旭国际大厦　　　　　　　中国五矿商务大厦（A座）

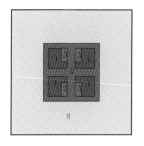 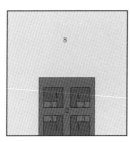 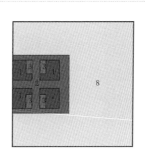 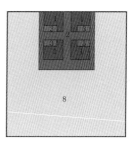 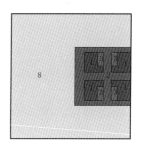

| 1 楼电梯 | 2 走廊 | 3 辅助 | 4 小空间办公 | 5 高档办公 | 6 其他 | 7 会议 | 8 普通办公 | 9 门厅 | 10 中庭 |

中央	南侧	西侧	北侧	东侧
高层办公建筑开放式办公标准层布局，核心筒位于中央。	高层办公建筑开放式办公标准层布局，核心筒位于南侧。	高层办公建筑开放式办公标准层布局，核心筒位于西侧。	高层办公建筑开放式办公标准层布局，核心筒位于北侧。	高层办公建筑开放式办公标准层布局，核心筒位于东侧。

2. 大小空间分布
（1）全办公平面图示

浙江宁波新中源大厦

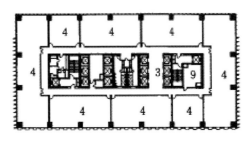

深圳市地铁大厦

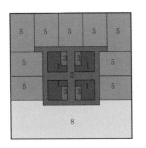

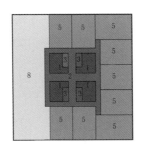

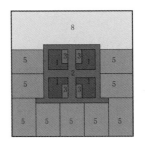

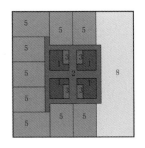

1 楼电梯	2 走廊	3 辅助	4 小空间办公	5 高档办公	6 其他	7 会议	8 普通办公	9 门厅	10 中庭

南

高层办公建筑大小空间组合式办公标准层布局，大办公位于南向。

西

高层办公建筑大小空间组合式办公标准层布局，大办公位于西向。

北

高层办公建筑大小空间组合式办公标准层布局，大办公位于北向。

东

高层办公建筑大小空间组合式办公标准层布局，大办公位于东向。

（2）大会议小办公平面图示

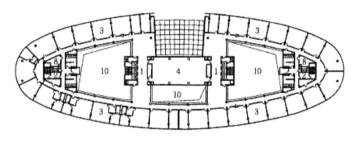

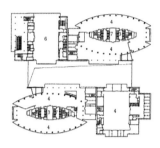

深圳机场信息指挥大楼　　　　　　　　金融街B7大厦

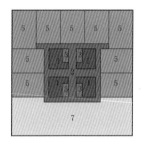

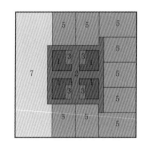

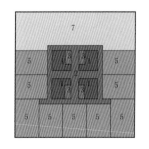

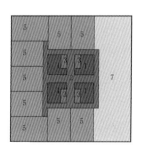

| 1 楼电梯 | 2 走廊 | 3 辅助 | 4 小空间办公 | 5 高档办公 | 6 其他 | 7 会议 | 8 普通办公 | 9 门厅 | 10 中庭 |

南	西	北	东
高层办公建筑大小空间组合式办公标准层布局，大会议位于南向，小办公位于北向。	高层办公建筑大小空间组合式办公标准层布局，大会议位于西向，小办公位于东向。	高层办公建筑大小空间组合式办公标准层布局，大会议位于北向，小办公位于南向。	高层办公建筑大小空间组合式办公标准层布局，大会议位于东向，小办公位于西向。

（二）中央围合式
大小空间分布

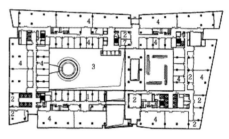

中国银行总行大厦　　　　　　华能大厦

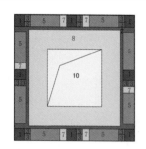
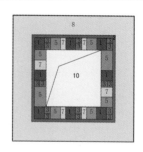

| 1 楼电梯 | 2 走廊 | 3 辅助 | 4 小空间办公 | 5 高档办公 | 6 其他 | 7 会议 | 8 普通办公 | 9 门厅 | 10 中庭 |

外侧

现有中央围合式办公建筑普遍在10层左右，其中小空间办公、会议室、楼电梯间、设备间、卫生间尺度近似，且均属于尺度较小的空间。开放式办公空间及中庭属于大空间。楼电梯间、设备间、卫生间往往以组团集中的形式出现。方案中的中央围合式办公建筑，小空间的排布集中在靠外墙的一侧，开放式办公空间排布在靠中庭一侧，建筑进深中部有走廊联系交通。

内侧

该组设置与外侧布置类似，不同之处在于方案中的中央围合式办公建筑，小空间的排布集中在靠中庭的一侧，开放式办公空间排布在靠外墙一侧，建筑进深中部有走廊联系交通。

2.2.3 能耗模拟与结论

（一）竖向叠加式

1. 核心筒位置

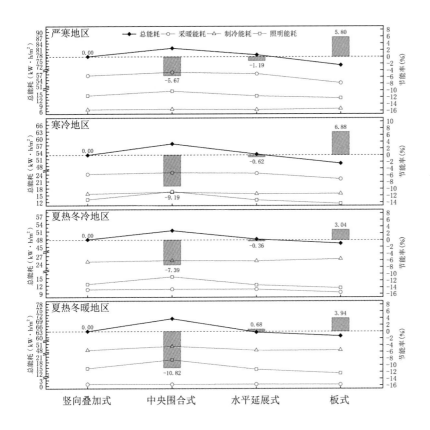

经模拟，能耗结果显示：

（1）在严寒地区，核心筒朝向对于总能耗影响很微小。在寒冷和夏热冬暖地区，核心筒位于中央时总能耗最低，位于其他位置时总能耗相近。在夏热冬冷地区，核心筒位置为东侧时总能耗最低，位于其余四个位置时总能耗差别较小。

（2）在寒冷和夏热冬暖地区，建筑总能耗受照明能耗影响较大，当核心筒偏于一侧时，会显著降低办公空间的自然采光面积，导致照明能耗大幅增加，进而导致建筑总能耗提升。

由此得出办公建筑内部空间组织模式的节能优化建议：

在严寒地区，可以结合实际设计需求考虑核心筒位置。在寒冷和夏热冬暖地区，核心筒宜布置在中央。在夏热冬冷地区，核心筒宜布置于东侧，但不必拘泥于此项，可按实际设计需求进行权衡判断。

总体空间形式

2. 大小空间分布
（1）全办公朝向

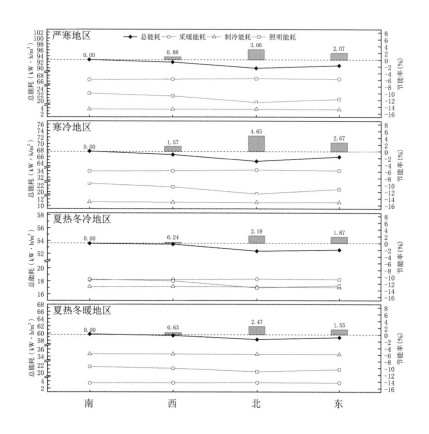

经模拟，能耗结果显示：

（1）在四个气候区都体现为大办公空间朝北总能耗更低，其总能耗变化主要受照明能耗影响。

（2）在夏热冬冷地区和夏热冬暖地区，大办公空间朝北与朝东，节能率较为接近。

由此得出办公建筑标准层办公间组织的节能优化建议：

在严寒、寒冷和夏热冬暖地区，大办公空间最宜布置在北侧。在夏热冬冷和夏热冬暖地区，大办公空间亦为布置在北侧最佳，也可结合实际设计需求考虑布置在东侧。

开放式办公空间朝向

（2）大会议空间朝向

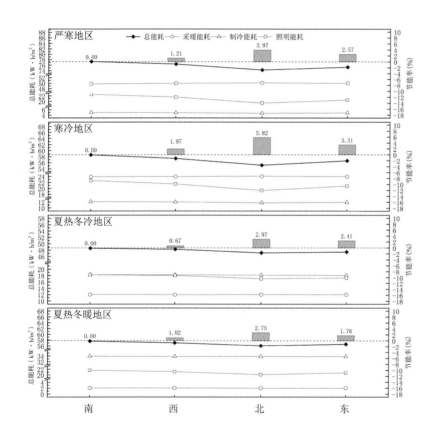

经模拟，能耗结果显示：

（1）大会议空间朝向这一变量对能耗的影响在各个气候区趋势相同。从单位面积总能耗来看，在四个气候区都体现为大会议空间朝北能耗最低，其次为东侧、西侧。

（2）在四个气候区大空间朝向变化过程中，其节能效益主要由照明能耗贡献，采暖与制冷能耗变化不大。

由此得出办公建筑标准层大会议小办公空间组织的节能优化建议：

在严寒及寒冷地区，大会议空间最宜布置在北侧。在夏热冬冷和夏热冬暖地区，大会议空间布置在北侧最佳，亦可结合设计需求考虑布置在东侧。

大会议空间朝向

（二）中央围合式

大小空间分布

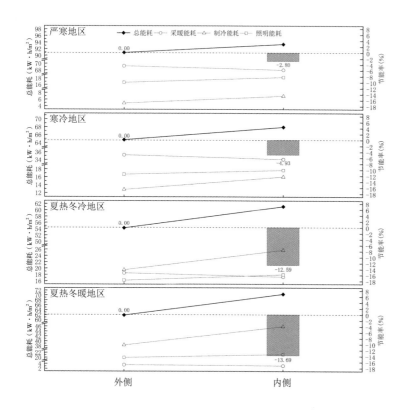

经模拟，能耗结果显示：

（1）在四个气候区都体现为小空间布局在外侧总能耗更低。小空间布局在外侧的节能效果在夏热冬冷地区和夏热冬暖地区较显著，在严寒地区和寒冷地区效果较不显著。

（2）从各分项能耗的表现来看，当小空间位置由内侧变为外侧时，在四个气候区，制冷能耗有大幅下降，照明能耗下降幅度较小，采暖能耗则有所上升，但幅度相对较小。

（3）小空间内侧布局的照明能耗更低，原因可能在于与小空间布局在外侧相比，前者布局下的开放办公空间位于外侧，室内没有隔墙遮挡，更有利于充分利用外窗进入的自然光资源满足室内较高采光要求，综合自然采光效果更好。

（4）大空间外侧布局的制冷能耗更高，原因可能在于该布局下，室内空间在进深方向和开间方向隔墙很少，会接受更多太阳辐射得热。而小空间布局在外侧时，更多的太阳辐射热量会被隔墙吸收，不易向各空间中心位置传递。

由此得出办公建筑功能空间组织的节能优化建议：

在夏热冬冷和夏热冬暖地区可以优先考虑将小空间办公区布置在建筑的外侧，更有利于节能。在严寒地区和寒冷地区小空间办公区布置在外侧的节能效果更优，但设计时亦可结合实际情况权衡判断。

小空间位置

2.2.4 窗墙比对空间组织能耗的影响

考虑到实际调研案例中围护结构窗墙比表现出的显著差异，以及窗墙比可通过显著影响建筑得热、传热、蓄热与散热属性，改变办公建筑不同空间组织方案的绿色节能潜力。本研究就不同窗墙比对办公建筑各功能空间组织模式的节能效果影响进行了深入研究。

《公共建筑节能设计标准》GB 50189—2015考虑到我国大量公共建筑采用了玻璃幕墙等较大窗墙比立面形式，为减少权衡判断，提升设计效率，已取消了2005版标准对于建筑各朝向的窗（包括透明幕墙）墙面积比均不应大于0.70的强制性条文规定，而基于调研发现，大量图书馆建筑案例窗墙比集中于0.3 ~ 0.7的取值范围，同时考虑部分案例集中选用了以玻璃幕墙为代表的更高窗墙比立面。本研究针对办公建筑的内部空间组织优化设计，选取了0.1 ~ 0.9区段，以0.2为步长的窗墙比变量范围，对竖向叠加式和中央围合式办公建筑总体空间形式进行进一步细化研究，并对模拟结果进行了进一步深入分析。

研究尝试通过探究连续变化的窗墙比下，办公建筑不同功能空间组织方案的节能效果潜力，进而揭示不同窗墙比设置时，特定气候区的适宜功能空间组织方案。

2.2.5 模拟与结论

（一）竖向叠加式

1. 核心筒位置

气候区

总能耗与窗墙比关系

照明能耗与窗墙比关系

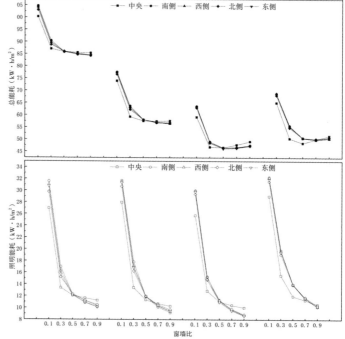

竖向叠加式能耗结果显示：

（1）在严寒和寒冷地区，总能耗整体上随着窗墙比的增大而降低，且在窗墙比小于0.3时能耗下降更快，窗墙比达到适中后下降速度逐渐放缓。在夏热冬冷和夏热冬暖地区，总能耗同样随着窗墙比的增大而降低，但在窗墙比适中（0.3～0.5）时出现拐点，之后随窗墙比增大能耗随之上升。

（2）从分项能耗的结果来看，照明能耗随窗墙比增大均会有明显的下降。但严寒和寒冷地区的制冷能耗随窗墙比增大不如夏热冬冷和夏热冬暖地区明显，由此导致在夏热冬冷和夏热冬暖地区总能耗变化出现拐点，而严寒和寒冷地区则没有类似现象。

气候区

采暖能耗与窗墙比关系

制冷能耗与窗墙比关系

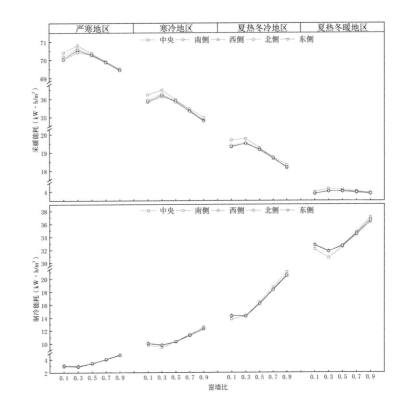

　　由此得出竖向叠加式办公建筑不同窗墙比设置时核心筒位置方案的节能优化建议：

　　（1）在严寒和寒冷气候区，在透明围护结构光热性能较好时，从能耗的角度考虑可以适当选择较高的窗墙比。

　　（2）在夏热冬冷和夏热冬暖气候区，在透明围护结构光热性能较好时，从能耗的角度考虑，核心筒位于中央的布局适宜使用适中（0.5左右）的窗墙比，而偏心布局则宜使用略大（0.7左右）的窗墙比。

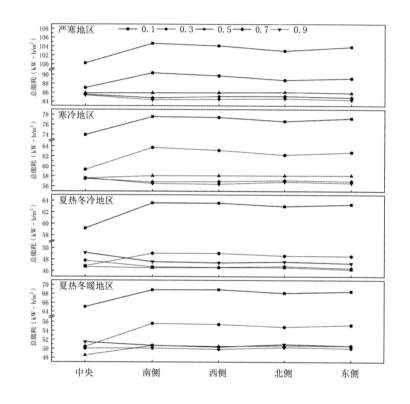

核心筒位置

竖向叠加式能耗结果显示：

（1）在各气候区窗墙比较小（0.1~0.3）时，核心筒位于中央的能耗最低。在偏心位置布局中，核心筒位于北侧布局的能耗最低，位于南侧布局的能耗最高，但整体差异不大。

（2）在窗墙比适中（0.5）时，除夏热冬暖区外，其余气候区五种功能布局之间的能耗差异均很小；在夏热冬暖地区，除核心筒位于中央的能耗较低外，其余布局的能耗差异不大。

（3）在窗墙比较大（0.7~0.9）时，核心筒位于偏心位置布局的总能耗比位于中央位置的总能耗略低，在寒冷和夏热冬暖地区尤为明显，偏心位置布局之间的能耗差异很小。

由此得出竖向叠加式办公建筑不同窗墙比设置下，核心筒位置方案的节能优化建议：

（1）在各气候区窗墙比较小（0.1~0.3）时，推荐尽量采取核心筒位于中央位置的布局。

（2）在各气候区窗墙比适中（0.5）时，可根据设计需求酌情布置。

（3）在窗墙比较大（0.7~0.9）时，寒冷和夏热冬冷地区可以采取核心筒位于偏心位置的布局。在严寒及夏热冬暖地区，可根据设计需求酌情布置。

2. 大小空间分布

（1）全办公

气候区

总能耗与窗墙比关系

照明能耗与窗墙比关系

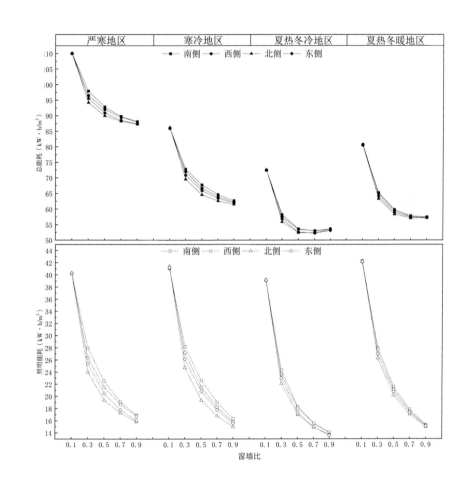

竖向叠加式能耗结果显示：

（1）各气候区大小空间组合式全办公布局总能耗整体上随着窗墙比的增大而降低，且在窗墙比较小（小于0.3）时能耗下降更快，窗墙比达到适中后逐渐放缓。在夏热冬冷地区，总能耗在窗墙比较大（0.5~0.7）时出现拐点，之后随窗墙比增大缓慢上升。

（2）从分项能耗的结果来看，各气候区照明能耗随窗墙比增大均会有明显的下降。采暖能耗随窗墙比先增大后减小，制冷能耗则均先降低后提升。且严寒与寒冷地区，各核心筒布置方案的照明与采暖能耗在窗墙比适中（0.3~0.7）时差距更加明显。

气候区

采暖能耗与窗墙比关系

制冷能耗与窗墙比关系

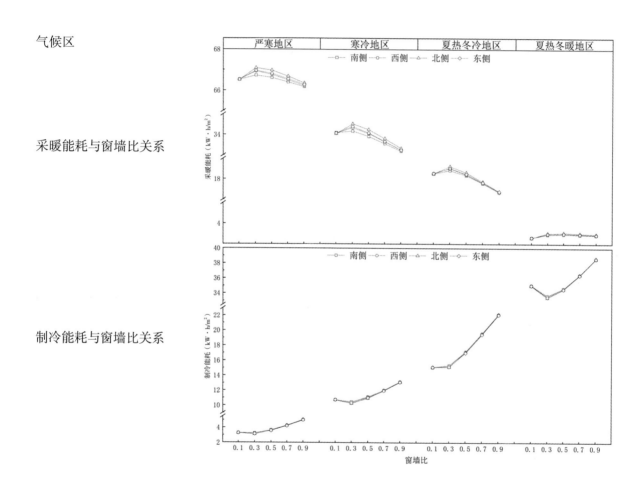

由此得出竖向叠加式办公建筑不同窗墙比设置时全办公大小空间分布的节能优化建议：

（1）在严寒和寒冷地区，在透明围护结构光热性能较好时，从能耗的角度考虑大小空间组合式全办公布局可以适当选择较高的窗墙比。

（2）在夏热冬冷和夏热冬暖气候区，在透明围护结构光热性能较好时，从能耗角度考虑，开放办公位于北侧布局，宜使用适中（0.5左右）的窗墙比，其余布置方案则宜使用略大（0.5 ~ 0.7）的窗墙比。

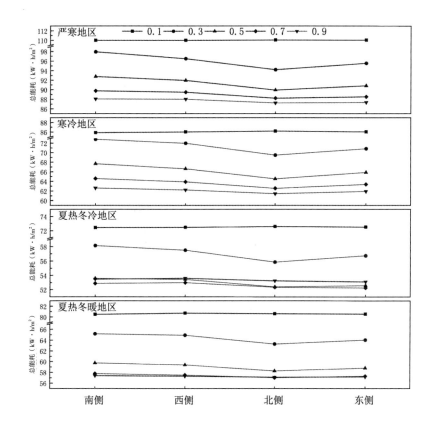

全办公空间朝向

竖向叠加式能耗结果显示：

在各气候区窗墙比偏小（0.3~0.5）时，开放办公相对于小办公位于北向的布局能耗略低，其余朝向的能耗差距不大。在其余窗墙比区段，不同朝向布局的差异不大。

由此得出竖向叠加式办公建筑不同窗墙比设置时全办公大小空间分布方案的节能优化建议：

在各气候区窗墙比为0.3~0.5的窗墙比区段，从能耗角度推荐尽量采取大办公位于北向的布局。对于其余窗墙比区段，可以结合实际设计需求选择朝向布局。

（2）大会议小办公组

气候区

总能耗与窗墙比关系

照明能耗与窗墙比关系

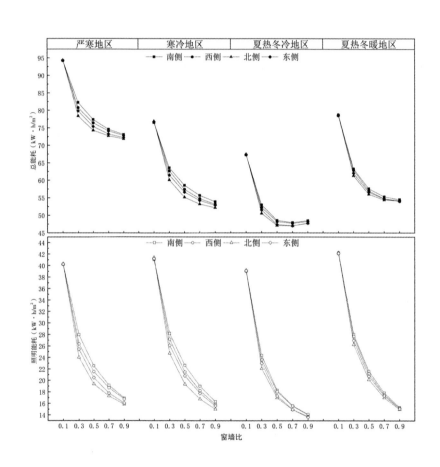

竖向叠加式能耗结果显示：

（1）各气候区大小空间组合式大办公小会议室布局总能耗整体上随着窗墙比的增大而降低，且能耗的降低速率越来越小。在夏热冬冷地区，总能耗在窗墙比适中（0.5~0.7）时出现拐点，之后随窗墙比增大缓慢上升。

（2）从分项能耗的结果来看，各气候区照明能耗随窗墙比增大均会有明显的下降。采暖能耗随窗墙比先增大后减小，制冷能耗则均先降低后提升。与全办公类似，严寒与寒冷地区大会议不同布置方案的多项能耗在窗墙比适中（0.3~0.7）时差距更为明显。

气候区

采暖能耗与窗墙比关系

制冷能耗与窗墙比关系

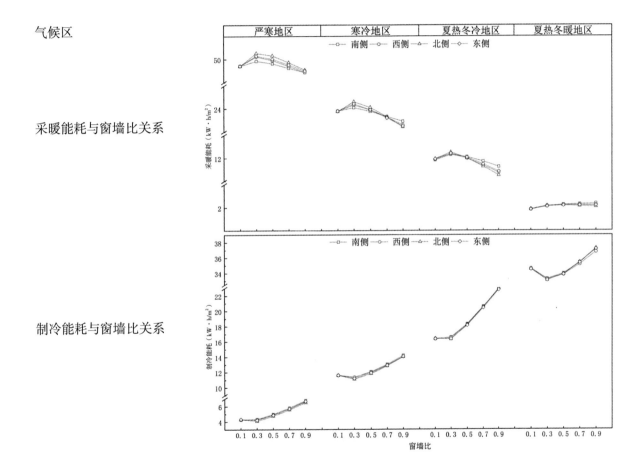

由此得出竖向叠加式办公建筑不同窗墙比设置时大会议小办公大小空间分布的节能优化建议：

（1）在严寒与寒冷地区，在透明围护结构光热性能较好时，从能耗的角度考虑大小空间组合式大会议小办公布局可以适当选择较高的窗墙比。

（2）在夏热冬冷和夏热冬暖气候区，在透明围护结构光热性能较好时，从能耗角度考虑，大会议位于北侧布局，宜使用适中（0.5左右）的窗墙比，其余布置方案则宜用略大（0.5~0.7）的窗墙比。

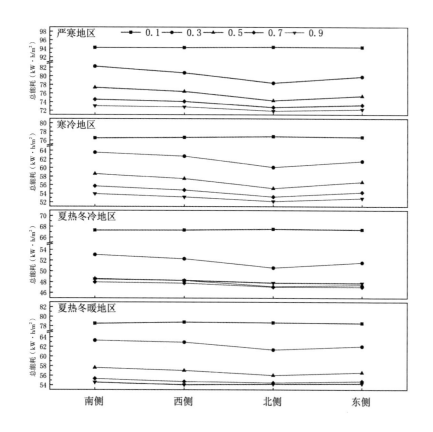

竖向叠加式能耗结果显示：

在各气候区窗墙比偏小（0.3~0.5）时，大会议室相对于小办公位于北向的布局能耗较低，其余朝向的能耗差距不大。在其余窗墙比区段，不同朝向布局的差异不大。

由此得出竖向叠加式办公建筑不同窗墙比设置时大会议小办公大小空间分布方案的节能优化建议：

在各气候区窗墙比为0.3~0.5的窗墙比区段，从能耗角度推荐尽量采取大会议相对于小办公位于北向的布局。对于其余窗墙比区段，可以结合实际设计需求选择朝向布局。

大会议空间朝向

（二）中央围合式
大小空间分布

气候区

总能耗与窗墙比关系

照明能耗与窗墙比关系

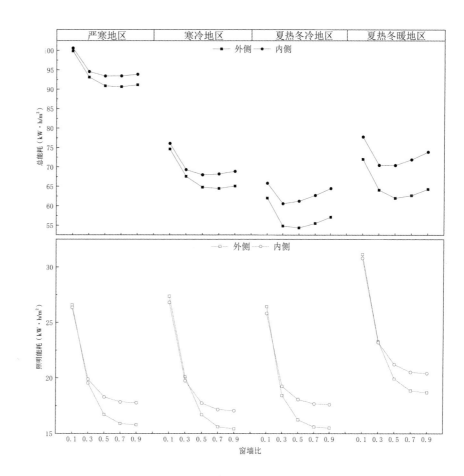

中央围合式能耗结果显示：

（1）在四个气候区，不同大小空间布局总能耗整体上随着窗墙比的增大而先降低后上升，其转折点一般位于0.3 ~ 0.5之间。在较大窗墙比总能耗随窗墙比增大而提升的增长速度，夏热冬冷与夏热冬暖气候区显著大于严寒与寒冷地区。

（2）从分项能耗结果看，各气候区照明能耗均随窗墙比增大有显著下降，且在窗墙比较大（0.5 ~ 0.9）时，小空间内外布局照明能耗差异明显。采暖能耗随窗墙比增大后减小，制冷能耗则缓慢增长。

（3）与竖向叠加方式不同的是，在夏热冬冷和夏热冬暖地区，小空间内外侧总能耗与分项能耗的差距更为明显。

气候区

采暖能耗与窗墙比关系

制冷能耗与窗墙比关系

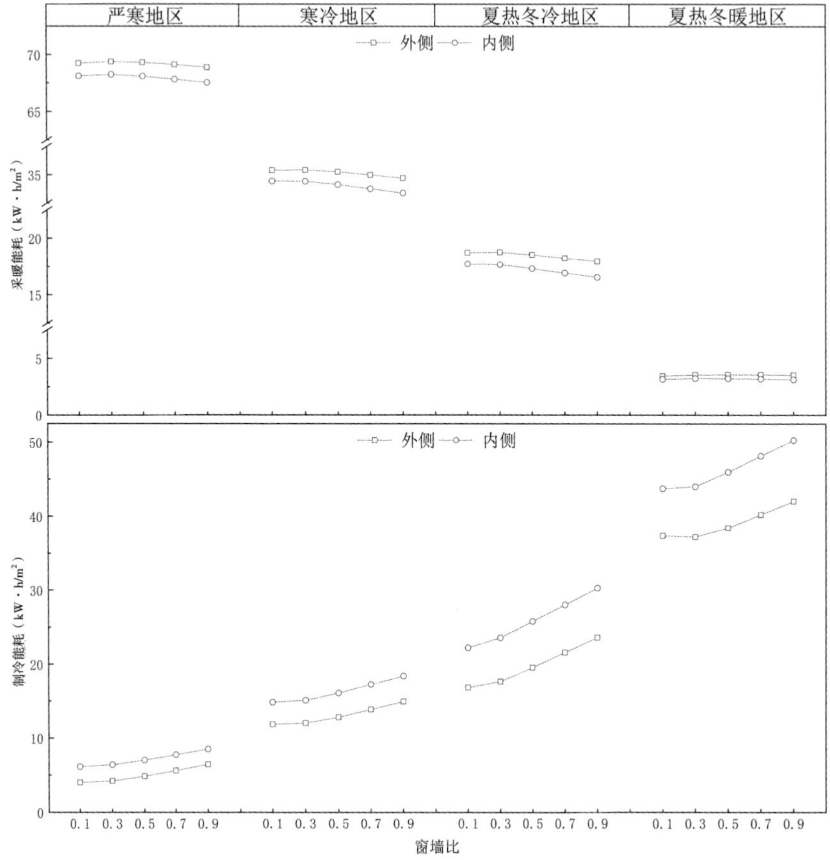

| 严寒地区 | 寒冷地区 | 夏热冬冷地区 | 夏热冬暖地区 |

外侧 ── 内侧

采暖能耗（kW·h/m²）

外侧 ── 内侧

制冷能耗（kW·h/m²）

窗墙比

由此得出中央围合式办公建筑不同窗墙比设置时全办公大小空间分布的节能优化建议：

综上所述，在夏热冬冷和夏热冬暖地区，应将小空间布置在外侧进行节能优化。在其他两个气候区，当选用这一手段进行节能优化时，应注意结合窗墙比的设计值进行考虑，当窗墙比较大时建议选用小空间在外侧的平面设计，窗墙比较小时因节能效果不突出，可结合其他实际情况权衡判断。

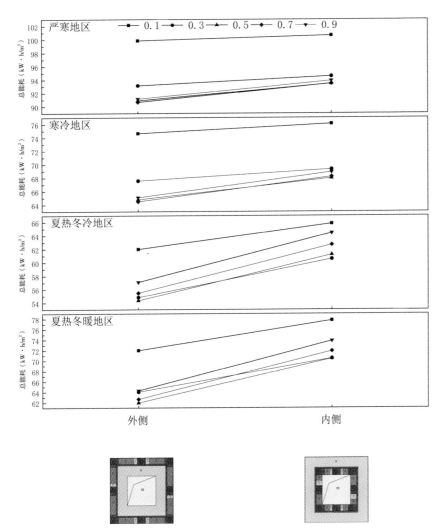

小空间位置

中央围合式能耗结果显示：

（1）总体而言，在四个气候区，小空间位置位于外侧更节能。通过改变大小空间相对位置这一手段降低建筑能耗在大窗墙比下更加有效。

（2）夏热冬冷和夏热冬暖地区小空间布局由内侧变为外侧时，节能效果最为显著。

由此得出中央围合式办公建筑不同窗墙比大小空间组织方案的节能优化建议：

在严寒与寒冷气候区应注意结合窗墙比的设计值进行考虑，当窗墙比较大时建议选用小空间在外侧的平面设计，窗墙比较小时节能效果不突出，可结合其他实际情况权衡判断。在夏热冬冷与夏热冬暖地区，宜选用小空间在外侧的平面组织方案。

2.2.6　光环境模拟与结论

（一）竖向叠加式

1. 核心筒位置

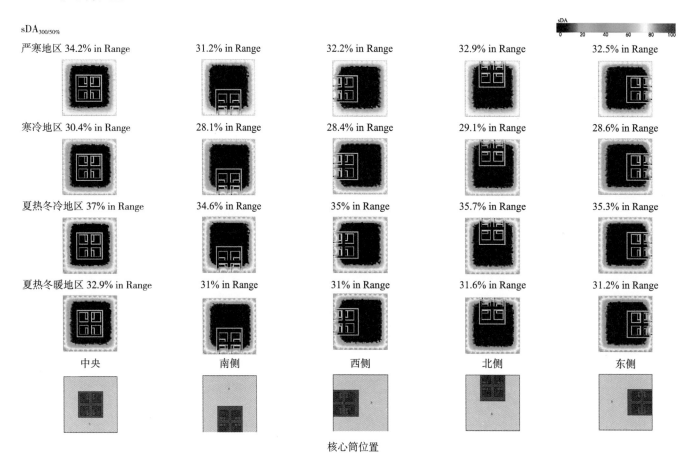

核心筒位置

模拟结果显示：

（1）在四个气候区中，光照强度状况总体相似，核心筒位于中央时采光水平略优于其位于周边各侧时，核心筒在各侧的组织模式间采光水平没有明显的差异。

（2）从严寒至夏热冬暖地区，近透明围护结构区域最高采光水平逐步增强，且相对于寒冷和夏热冬暖地区，严寒和夏热冬冷地区采光保证更为明显，同时采光充分区域的进深更深，这可能与代表城市的太阳高度角与日照时数相关。

由此得出办公建筑功能空间组织的采光优化建议：

在各气候区，核心筒最宜设置在中央位置，但仍具有较大自由，可结合其他实际情况进行权衡考虑。

$UDI_{100lx<E<2000lx}$

Hrs
0.00 20.00 40.00 60.00 80.00 100.00

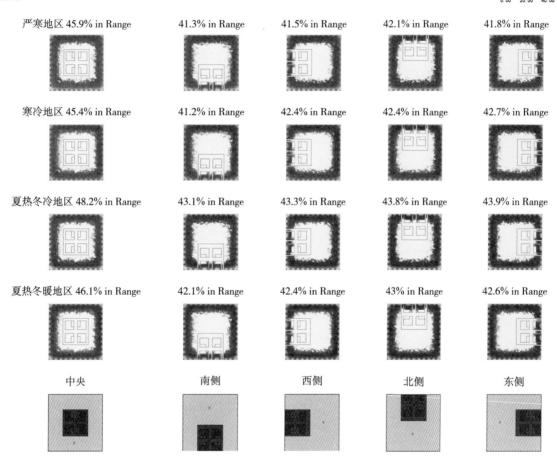

严寒地区 45.9% in Range   41.3% in Range   41.5% in Range   42.1% in Range   41.8% in Range

寒冷地区 45.4% in Range   41.2% in Range   42.4% in Range   42.4% in Range   42.7% in Range

夏热冬冷地区 48.2% in Range   43.1% in Range   43.3% in Range   43.8% in Range   43.9% in Range

夏热冬暖地区 46.1% in Range   42.1% in Range   42.4% in Range   43% in Range   42.6% in Range

中央   南侧   西侧   北侧   东侧

核心筒位置

模拟结果显示：

（1）在四个气候区中，采光质量仍总体相似，核心筒位于中央时采光质量明显优于其位于周边各侧时，核心筒在各侧的组织模式间采光质量没有明显的差异。

（2）总体而言，从严寒至夏热冬暖地区，办公建筑内部功能空间采光水平逐步增强。具体而言，采光质量逐步增强，夏热冬冷地区采光质量较为突出。

由此得出办公建筑功能空间组织的采光优化建议：

在各气候区，核心筒最宜设置在中央位置，但仍具有较大自由，可结合其他实际情况进行权衡考虑。

2. 大小空间分布

sDA$_{300/50\%}$

sDA
0 20 40 60 80 100

严寒地区 31% in Range	31.2% in Range	31.1% in Range	31.1% in Range
寒冷地区 27.6% in Range	27.1% in Range	28% in Range	27.4% in Range
夏热冬冷地区34% in Range	34.4% in Range	34.4% in Range	34.2% in Range
夏热冬暖地区30.3% in Range	30.7% in Range	30.9% in Range	30.9% in Range
南侧	西侧	北侧	东侧

大空间朝向

模拟结果显示：

（1）在四个气候区中，光照强度状况总体相似，大空间在各侧的组织模式间没有明显的差异。

（2）从严寒至夏热冬暖地区，近透明围护结构区域最高采光水平逐步增强，且相对于寒冷和夏热冬暖地区，严寒和夏热冬冷地区采光保证更为明显，同时采光充分区域的进深更深，这可能与代表城市的太阳高度角与日照时数相关。

由此得出办公建筑功能空间组织的采光优化建议：

在各气候区，针对大小空间相对位置的空间组织具有较大自由，可按实际设计需求进行权衡考虑。

$UDI_{100lx<E<2000lx}$

严寒地区 39.3% in Range	41% in Range	39.9% in Range	40.7% in Range
寒冷地区 39.2% in Range	40.8% in Range	39.8% in Range	40.6% in Range
夏热冬冷地区42% in Range	43.7% in Range	43.1% in Range	43% in Range
夏热冬暖地区40.7% in Range	41.6% in Range	41.2% in Range	41.5% in Range
南侧	西侧	北侧	东侧

大空间朝向

模拟结果显示：

在四个气候区中，光照质量状况仍为总体相似，大空间在各侧的组织模式间没有明显的差异。具体而言，从严寒至夏热冬暖地区，办公建筑内部功能空间采光质量逐步增强，夏热冬冷地区采光质量较为突出。

由此得出办公建筑功能空间组织的采光优化建议：

在各气候区，针对大小空间相对位置的空间组织具有较大自由，可按实际设计需求进行权衡考虑。

（二）中央围合式

大小空间分布

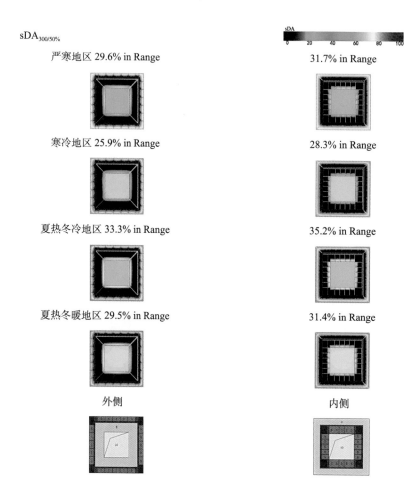

$sDA_{300/50\%}$

严寒地区 29.6% in Range　　　　31.7% in Range

寒冷地区 25.9% in Range　　　　28.3% in Range

夏热冬冷地区 33.3% in Range　　　　35.2% in Range

夏热冬暖地区 29.5% in Range　　　　31.4% in Range

外侧　　　　　　　内侧

小空间位置

模拟结果显示：

在四个气候区中，光照强度状况总体相似，小空间在内外侧的组织模式间没有明显的差异。具体而言，从严寒至夏热冬暖地区，办公建筑内部功能空间采光质量逐步增强，夏热冬冷地区采光质量较为突出。

由此得出办公建筑功能空间组织的采光优化建议：

在各气候区，针对大小空间相对位置的空间组织具有较大自由，可按实际设计需求进行权衡考虑。

UDI$_{100lx<E<2000lx}$

严寒地区38.5% in Range

40.4% in Range

寒冷地区38.1% in Range

39.7% in Range

夏热冬冷地区40.6% in Range

41.3% in Range

夏热冬暖地区39% in Range

31.4% in Range

外侧

内侧

小空间位置

模拟结果显示：

在四个气候区中，光照质量状况仍为总体相似，小空间在内外侧的组织模式间没有明显的差异。具体而言，从严寒至夏热冬暖地区，办公建筑内部功能空间采光质量逐步增强，夏热冬冷地区采光质量较为突出。

由此得出办公建筑功能空间组织的采光优化建议：

在各气候区，针对大小空间相对位置的空间组织具有较大自由，可按实际设计需求进行权衡考虑。

2.2.7 热舒适模拟与结论

（一）竖向叠加式

1. 核心筒位置

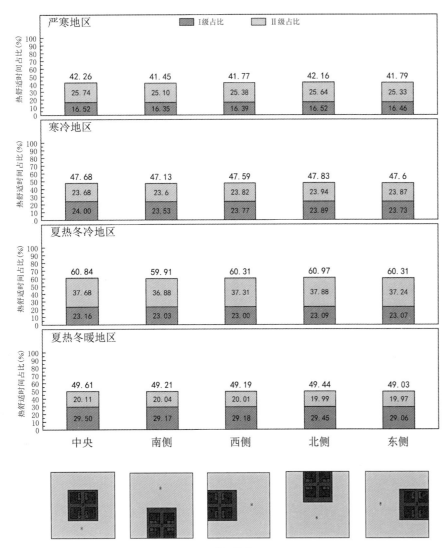

核心筒位置

模拟结果显示：

各气候区各设置组间差别不大。

由此得出办公建筑核心筒位置的热舒适优化建议：

在各气候区针对核心筒位置的空间组织均具有较大设计自由，可综合造型设计、功能组合等因素，权衡利弊。

2. 大小空间分布

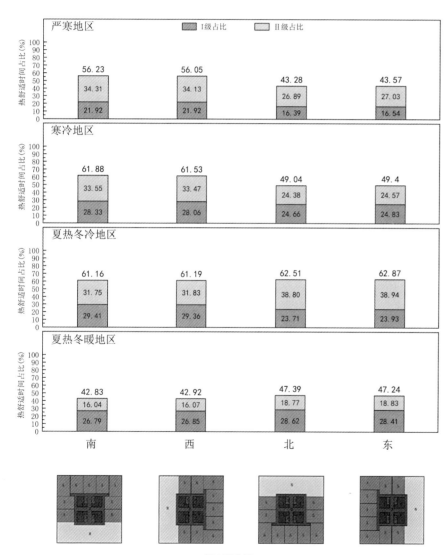

核心筒位置

模拟结果显示：

（1）严寒、寒冷地区大空间在南侧、西侧热舒适状况相对较优，北侧和东侧相对不足。

（2）夏热冬冷气候区各模式间差异不大。

（3）夏热冬暖气候区北侧和东侧相对略优于南侧、西侧。

由此得出办公建筑功能空间组织的热舒适优化建议：

（1）在严寒、寒冷地区，宜将大空间设置在南侧、西侧。

（2）在夏热冬暖气候区，宜将大空间设置在北侧和东侧。

（3）在夏热冬冷地区具有较大设计自由，可综合造型设计、功能组合等因素，权衡利弊。

（二）中央围合式

大小空间分布

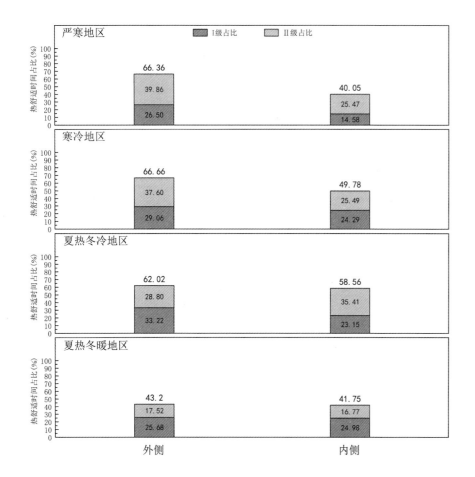

模拟结果显示：

（1）严寒、寒冷地区小空间在外侧热舒适状况相对较优，在内侧相对不足。

（2）夏热冬冷、夏热冬暖气候区各模式间差异不大。

由此得出办公建筑功能空间组织的热舒适优化建议：

（1）在严寒、寒冷地区，宜将小空间设置在外侧、大空间在内侧。

（2）在夏热冬冷、夏热冬暖地区则具有较大设计自由，可综合造型设计、功能组合等因素，权衡利弊。

小空间位置

2.3 办公建筑典型单一空间形态绿色设计

办公建筑的代表性绿色潜力空间包括门厅等较低普通性能空间和开放办公空间等较高普通性能空间，门厅是作为导入空间，包含接待、休息、疏散、交通等多个功能；开放办公空间是办公建筑主要功能空间。

由于本研究中就典型单一空间主要针对创作设计中较为关注的，对能耗性能有关键影响的普通性能缓冲空间开展研究，而此类空间一般不为建筑光环境与热舒适性能最为关注的部分，且限于篇幅，本研究针对选择的代表性典型单一缓冲空间主要开展了其节能性能表现的相关研究，不再对其光环境与热舒适性能开展相关研究。

2.3.1 门厅空间调研与整理

办公建筑门厅空间作为办公建筑的主要入口空间，通常通高两层或两层以上，是建筑的重要组成部分，与建筑主体有明确的互动关联；也是使用人群进入高层办公建筑的第一感知空间，承载着办公建筑展现的第一印象。门厅外围护结构部分的大采光面玻璃幕墙导致室内热环境的特殊性，其能耗状况引起广大业主和建筑师的重视。由于门厅空间的变化对于建筑性能的影响显著，因此，本研究的性能模拟验证选取门厅空间为竖向叠加式办公建筑的典型空间，并针对这一典型空间进行体量、体态、布局三个部分的模拟实验。在改变体量、体态、布局这三个方面时，竖向叠加式从平面及剖面两个层次入手，确定变量为：门厅面积占比，门厅剖面通高层数，门厅长宽比及门厅平面朝向。在模拟时，为凸显室外环境对于室内物理环境的影响，故将门厅窗墙比设置为1。

2.3.2　门厅空间原型与分析

1. 空间体量

华旭国际大厦

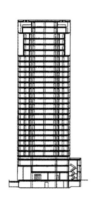

浙江宁波新中源大厦

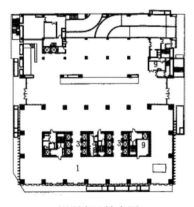

深圳市地铁大厦

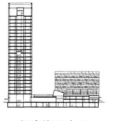

招商海运中心

2. 空间体态

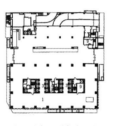

深圳市地铁大厦

中国五矿商务大厦（B座）

3. 空间布局

中华全国总工会办公楼

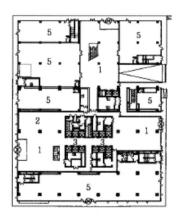

中国五矿商务大厦（A座）

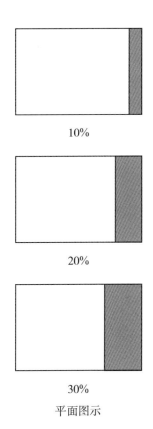

10%

20%

30%

平面图示

竖向叠加式

门厅面积占比

　　门厅的体量在平面上主要受门厅占比的影响。经前期调研可知，办公建筑的门厅面积占比往往不同，但其占比大致范围为：10%～30%。因此，在模拟中设置梯度为10%，变量组分别设置为10%、20%和30%。

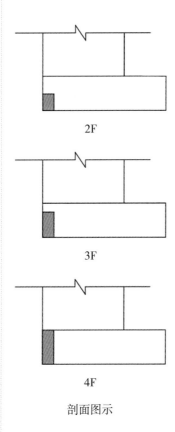

2F

3F

4F

剖面图示

竖向叠加式

门厅剖面通高层数

　　在剖面层次，门厅的空间体量主要受层数的影响。因此，通过设置门厅通高层数不同，实现门厅体量变化。

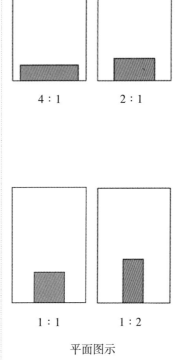

4：1　　　　2：1

1：1　　　　1：2

平面图示

竖向叠加式

门厅长宽比

　　门厅的空间体态主要通过控制门厅的长宽比来实现，门厅高度保持不变，将模拟分为4组，长宽比分别为4：1、2：1、1：1和1：2。

南

东

北

西

平面图示

竖向叠加式

门厅平面朝向

　　门厅的空间布局，依据门厅平面位置的不同，可将其分为南向、东向、北向和西向四组进行模拟。

2.3.3　开放办公空间调研与整理

中央围合式办公建筑的开放办公空间作为个人工作与团队协作的承载空间，是使用者最多，也是人停留时间最长的空间。由于这一空间具有较高物理指标要求，能耗占比较大，因此本研究针对能耗的性能模拟验证同样选取开放式办公空间为办公建筑的典型空间，并相应进行了体量、体态、布局三个部分的模拟实验。确定了其变量为开放办公空间面积占比，开放办公空间开间进深比及开放办公空间朝向。

2.3.4　开放办公空间原型与分析

1. 空间体量　　　　　**2. 空间体态**　　　　　**3. 空间布局**

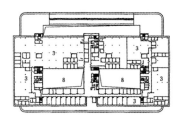

同济大学建筑设计研究院新办公楼

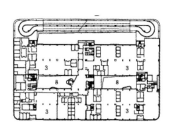

同济大学建筑设计研究院新办公楼

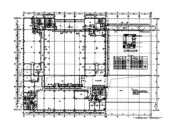

中国建筑西北设计研究院办公楼

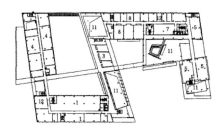

南京泉峰国际集团总部

中国海洋石油公司总部

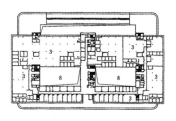

同济大学建筑设计研究院新办公楼

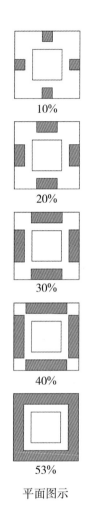

10%

20%

30%

40%

53%

平面图示

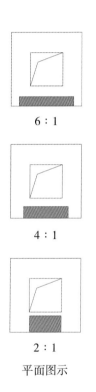

6 : 1

4 : 1

2 : 1

平面图示

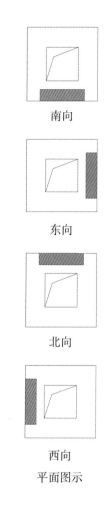

南向

东向

北向

西向

平面图示

中央围合式

开放办公空间面积占比

开放办公空间面积占比变量组设置主要通过如下方式实现，即在各朝向中部设置开间进深相同、面积占比一致且同步增加，由非全覆盖转变为全覆盖环绕分布的开放办公单元，即开放办公空间面积占比由10%增加到53%。

中央围合式

开放办公空间开间进深比

开放办公空间的空间体态主要通过控制开放办公空间的开间进深比来实现，将模拟分为3组，开间进深比分别为6：1、4：1和2：1。

中央围合式

开放办公空间朝向

开放办公空间的空间布局主要通过控制开放办公空间的朝向来实现，开放办公空间的开间进深比为4：1，将其分为南向、东向、北向和西向四组进行模拟。

2.3.5 模拟与结论

（一）竖向叠加式

1. 空间体量

（1）门厅空间面积占比

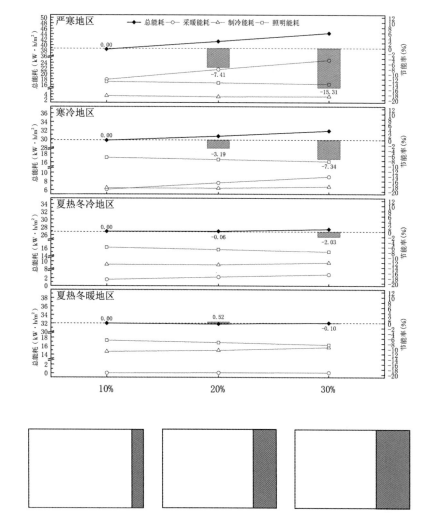

经模拟，能耗结果显示：

（1）在严寒、寒冷和夏热冬冷气候区中，建筑总能耗趋势基本相同，都表现为随门厅面积占比增加而上升。在夏热冬暖气候区中，建筑总能耗随门厅面积占比增加的变化不明显。

（2）在严寒、寒冷和夏热冬冷气候区，门厅占比增大使得采暖能耗上升，进而导致总能耗增加。在夏热冬暖地区，制冷能耗与照明能耗趋势相反，其综合效益基本相抵，建筑总能耗变化不明显。

由此得出门厅空间体量节能优化建议：

在严寒、寒冷和夏热冬冷地区中，宜适当减小或控制门厅面积占比。在夏热冬暖地区，可结合实际设计需求考虑设置门厅面积占比。

门厅空间面积占比

（2）门厅空间通高层数

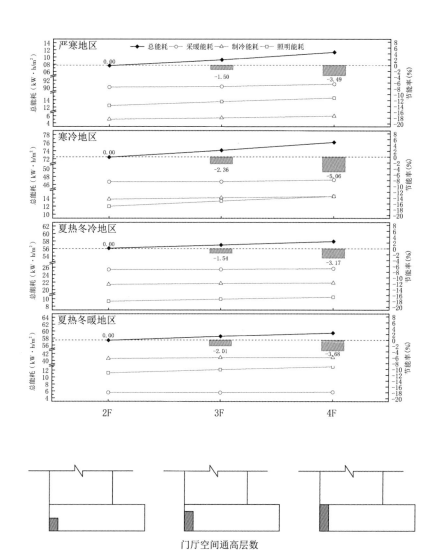

门厅空间通高层数

经模拟，能耗结果显示：

（1）在各个气候区，建筑总能耗趋势相同，都表现为随门厅剖面通高层数增加而降低。

（2）在各个气候区，采暖与制冷能耗变化较小，总能耗主要受照明能耗变化影响。

由此得出门厅空间体量节能优化建议：

在四个气候区，建议控制与背向空间不连通的门厅通高高度，避免门厅通高过高。

2. 空间体态

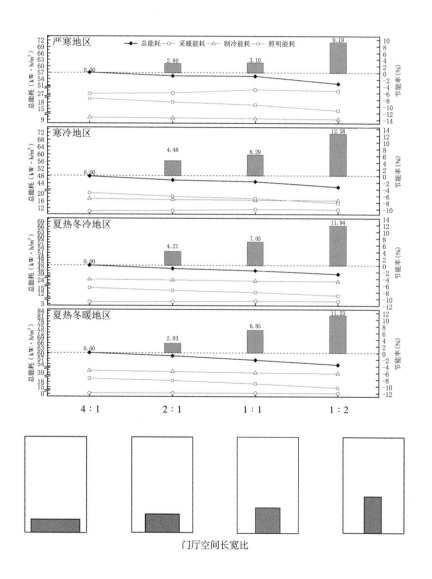

门厅空间长宽比

经模拟，能耗结果显示：

（1）在各个气候区中，建筑总能耗趋势相同，都表现为随门厅长宽比减小而降低。

（2）在各气候区，照明能耗均随门厅长宽比减小而显著降低，无论严寒、寒冷地区快速增长的采暖能耗，还是夏热冬冷、夏热冬暖地区快速增加制冷能耗，都无法有效补偿。

由此得出门厅空间体态节能优化建议：

在四个气候区中，针对背向空间具有一定进深的办公建筑，作为高大空间的门厅设计应适当降低长宽比，尽量避免其背向空间的长宽比过低，进深过大，产生过高的照明能耗。

3. 空间布局

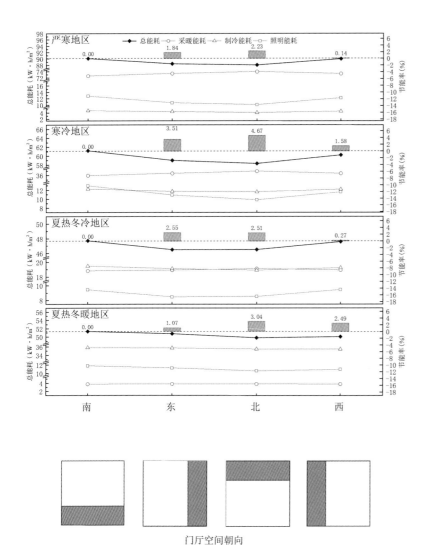

图表图例：总能耗 采暖能耗 制冷能耗 照明能耗

门厅空间朝向

经模拟，能耗结果显示：

（1）在严寒、寒冷和夏热冬冷地区，建筑总能耗变化趋势相同，都表现为门厅在北向和东侧时节能效果较佳，在南侧与西侧时总能耗差别不大。在夏热冬暖地区，门厅在北侧和西侧时节能效果较佳。

（2）在严寒、寒冷气候区，采暖与照明能耗趋势相反，但照明能耗变化更为明显，总能耗主要受照明能耗变化影响。在夏热冬冷和夏热冬暖地区，制冷能耗和照明能耗变化趋势类似。

由此得出门厅空间布局节能优化建议：

在严寒、寒冷和夏热冬冷地区建议门厅布置在北侧或东侧；在夏热冬暖地区，建议门厅布置在北侧或西侧。

（二）中央围合式

1. 空间体量

开放办公空间面积占比

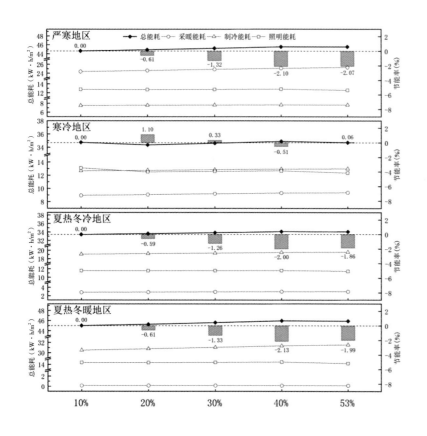

经模拟，能耗结果显示：

（1）在严寒、夏热冬冷和夏热冬暖地区，总能耗随开放办公面积占比先增加后减小；在寒冷地区，建筑总能耗随着开放办公空间面积的增加，变化不明显。

（2）在严寒、夏热冬冷和夏热冬暖地区，当开放办公空间面积占比增大时，采暖能耗和制冷能耗均呈上升趋势，照明能耗变化幅度较小；由非全覆盖环绕式转变为全覆盖环绕式设置时，由于照明能耗下降，总能耗稍有降低。

（3）在寒冷地区，从分项能耗来看，当开放办公空间面积占比约为20%时总能耗最低；由非全覆盖转变为全覆盖设置时，由于照明能耗下降，总能耗会稍有降低，采暖与制冷能耗变化不明显。

由此得出开放办公空间节能优化建议：

在四个气候区，综合考虑实际设计需求，宜尽量控制开放办公空间面积占比；而当开放办公空间面积占比较大时，相较于非全覆盖环绕式，更宜选择全覆盖环绕式设置。

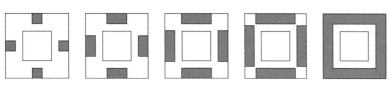

开放办公空间面积占比

2. 空间体态
开放办公空间开间进深比

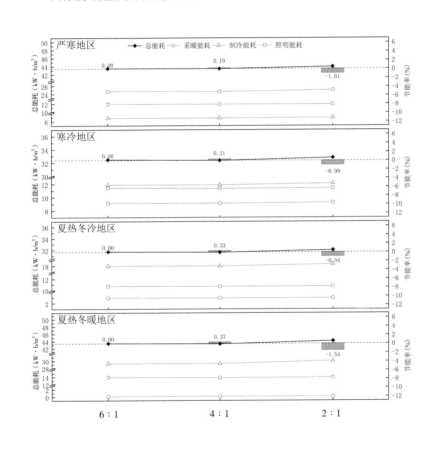

经模拟，能耗结果显示：

（1）在各气候区，当开放办公空间开间进深比相对适中时，能耗最低；当其过小或过大时，节能率均略有下降。

（2）在严寒地区，总能耗的下降主要由采暖能耗的下降引起，在其他三个气候区，总能耗的下降主要由制冷能耗的下降引起。

由此得出开放办公空间节能优化建议：

在四个气候区中，开放办公空间的进深不宜过大，也不宜过小，应结合实际情况，取相对适中的开间进深比，可得到最佳节能效果。

开放办公空间开间进深比

3. 空间布局

开放办公空间朝向

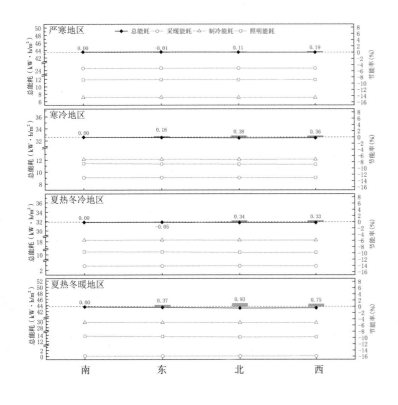

经模拟，能耗结果显示：

（1）在各气候区，开放办公空间朝向设置对总能耗影响不大。相对而言，在严寒气候区，开放办公在东侧时，总能耗更低；在寒冷、夏热冬冷和夏热冬暖气候区，开放办公在北侧时，总能耗更低，其次为东侧。

（2）就分项能耗而言，采暖和制冷能耗变化不显著，节能效益均主要来自于照明能耗的变化。

由此得出开放办公空间节能优化建议：

在严寒气候区中，综合节能效益以开放办公空间分布在东向为最佳；在寒冷和夏热冬冷和夏热冬暖气候区气候区中，综合节能效益以开放办公空间分布在北向为最佳，亦可考虑设置为东向。在不同气候区，均可根据设计习惯权衡判断。

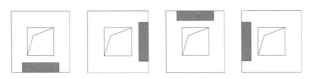

开放办公空间朝向

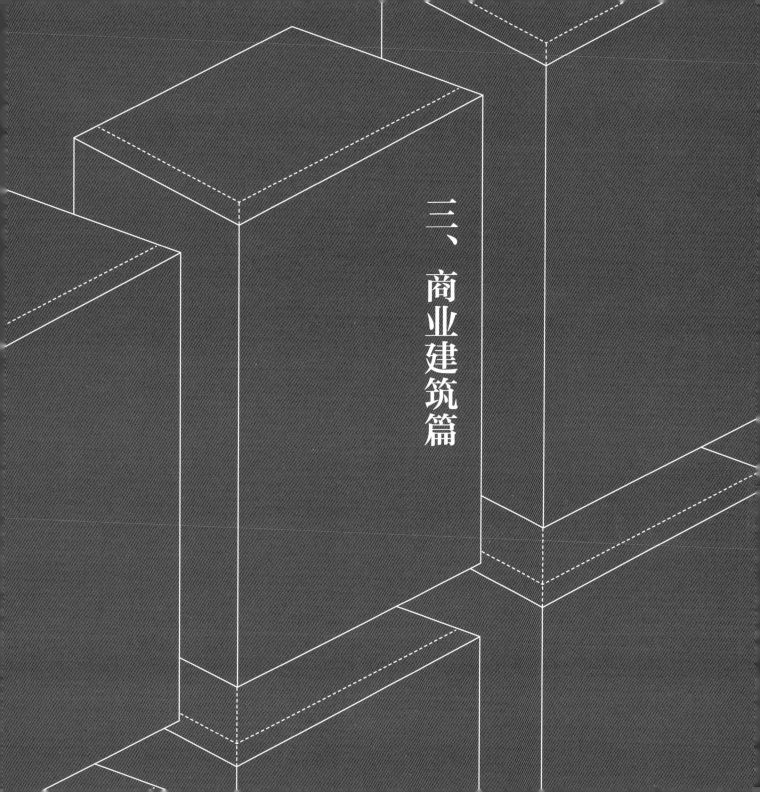

三、商业建筑篇

1　绿色商业建筑节能

1.1　概述

近年来，商业建筑特别是大型商业综合体在我国发展迅速，在各级城市都呈现了极快的建设增长速度。从前瞻产业研究院的统计数据可知，我国大型商业建筑数量截至2015年约有4000家，自2012～2015年，建筑面积已由2.12亿m²发展到3亿m²，商业建筑面积占建筑总面积的比例也不断扩大。从发展趋势来看，我国持续城镇化导致当前对高密度商业类型建筑的需求量仍在不断增长，商业综合体因而在未来相当的时间内将成为各级城市共同关注的公共建筑建设重点[1]。

商业建筑的功能特性决定了其对经济效益的极致追逐，而对建筑资源消耗往往相对不敏感甚至忽视。为了实现对人流的吸引，很多商业综合体常常在空间体量、形态等的设计上采取前卫、夸张、极端，甚至是非理性的设计方案。而全年无休且体量日渐增长的商业建筑，伴随着建设总量的快速增加，必将导致愈发严重的资源尤其是能源消耗的问题。相关数据表明，我国商业综合体的平均单位面积的耗电量已是日本等发达国家同类建筑能耗的1.5～2.0倍，甚至是我国普通居住建筑能耗的10～20倍[2]。在能耗持续攀升的同时，商业建筑设计缺乏对气候环境影响的关注，也导致其室内环境受到更大的外扰，使用者对更高性能购物消费环境的追求，在节能减排背景下催生出了绿色商业建筑。

绿色商业建筑是指在全寿命期内，最大限度地节约资源、保护环境、减少污染，为人们提供健康、适用和高效的使用空间，与自然和谐共生的商业建筑[3]，而商业建筑节能是其实现绿色性能的重点。在既往商业综合体的建设与使用过程中，国外学者已更早地发现其对能源的大量消耗及所带来的一系列问题，并结合气候适应性设计方法，就如何在保证室内环境舒适时尽可能采用被动式设计策略以降低商业建筑能耗进行了探索。如The Jerde Partnership建筑师事务所参与的洛杉矶圣塔莫妮卡广场改造项目，便是商业综合体节能的优秀案例。设计师在对风向等关键气候条件分析后，基于既有建筑的封闭平面设计和玻璃外围护结构方案，采取了拿掉中庭屋面的设计，在提升建筑通透性以增强自然通风的同时，有效减少了建筑采光能耗，项目最终取得了美国LEED银级认证[4]。

相较于国外，我国的绿色商业建筑设计研究发展较晚，商业建筑的绿色优化设计工程实践少，实践经验缺乏且相应的理论研究也非常有限，直接导致了对商业建筑中"绿色"的理解多片面集中于建筑外围与内部的立体绿化、屋顶花园布置，甚至通过高成本技术以实现绿化的堆砌，与本体性能优化等绿色商业建筑的核心内涵相去甚远。

2015年12月，我国颁布实施了国家标准《绿色商店建筑评价标准》GB 51100—2015。该标准的实施与评价应用为绿色商业建筑设计与运行，如围护结构的性能控制，空调、照明、给水排水设备等的选型配置提供了一定的参照依据。而即便如此，截至2015年12月31日，我国获得绿色建筑评价标识的商业建筑项目数量为3979项，即我国符合绿色建筑标准的商业建筑面积仅占总面积的7%，尚有约93%的商业建筑无法达到绿色建筑标准[5]，绿色商业建筑的设计实践和推广依旧任重道远。

1.2 商业建筑绿色设计相关问题

1.2.1 气候适应性设计意识的缺失

我国商业建筑，特别是商业综合体的开发仍处于着力取得经济利益的开发模式之中。为营造浓重的商业氛围和高品质感的场所环境，常常罔顾室外场地气候条件的显著差异，而选用单一的全封闭围合形式，且习惯采用全玻璃、金属板或石材幕墙营造外立面十足现代感或奢华高档的印象，并常增添巨幅广告来渲染商业气氛，同时室内还采用高功率暖通空调系统和大量人工照明来营造舒适的室内物理环境。

此种气候适应性设计意识的缺失，致使我国商业建筑的运行调适需要付出巨大的能源资源消耗作为代价。

1.2.2 节能设计与商业性需求的矛盾

商业建筑设计包含众多综合、复杂的商业功能要素考量，如业态构成及配比、人流动线设计、空间吸引力设计等，且相较于节能效益，以上要素差异更直接关乎其商业利益的实现。故而当下的商业建筑设计，特别是大型商业综合体设计往往更为关注于解决可直接实现其经济利益的商业性需求，而较为忽略建筑本体的绿色设计。例如，选择与场地气候不相适应的建筑模式与建筑形体，选择与环境不适宜的空间模式与空间尺度等，从而造成大量不必要的能源消耗。

1.2.3 重人工技术选用，轻形体空间设计

基本气候适应性设计意识的缺失、强烈商业利益需求的驱使，以及商业建筑绿色设计实践经验的不足，使得越来越多的商业建筑为实现对高品质环境的追求，常常简单粗暴地借助于人工采暖照明、机械空调通风等人工技术的大规模配备运行，却极为缺乏对形体、空间等可自设计伊始便显著降低建筑本体的基本调控负荷水平的前置设计内容的重视。

1.2.4 功能空间组织设计不合理

商业建筑尤其商业综合体是城市有机共生、建筑城市化的一种体现，集众多商业经营与公共活动功能于一身，不同功能的互惠互动，充分发挥了其多功能并置的综合效益。但因不同功能空间的性能要求存在差异，多种功能的复合经营与室内空间公共性的增强显著提升了空间组织设计，以及物理环境的调控难度，在吸引众多消费者并带来商机的同时，也产生了因经验缺乏导致空间组织设计的不足，以及调控困难而形成的庞大能源消耗。

1.3　商业建筑绿色设计策略与方法

为实现商业建筑的绿色设计，需针对上述问题，在考虑适应不同气候环境特征的同时，结合空间模式的生成机理，从空间布局、形态以及围护结构构成等各方面实现设计实效提升。

1.3.1　选取适宜的建筑空间组织形式和空间形态设计

相较于其他独立性较强的功能空间，主导商业建筑的中庭空间体现出更强的过渡性，通常情况下，顾客来自外部城市空间或其他独立功能空间，进由商业中庭空间再继续移动至特定的功能空间。故商业中庭空间应充分尊重公共空间的休憩、娱乐、交流以及餐饮等公共性功能需求，以将建筑其余功能进行有效的衔接。

基于商业中庭空间在商业建筑各功能空间中的核心区位关系，及由此导致的对建筑整体绿色性能的关键作用，对其空间形态的设计、组织分布形式的选取均需做充分的考量。

（1）中庭空间的空间形态设计

首先，中庭空间的尺度、体量直接决定了空间内部的传热规律与相应热环境状况，如低矮狭小的空间相较于高大宽敞的空间，在炎热夏季更易让人感觉闷热；而大体量的空间往往具有更强的蓄热能力，且便于组织内部空气对流故而具有更强的气候适应能力。中庭空间作为商业建筑中的核心大体量空间，需对其面积、净高、层数等关键尺度体量进行适宜的控制性设计，以对建筑的换热、通风以及空气热分布效果起到必要的调节作用。

其次，对商业中庭的设计还需考虑其形式比例，如平面形式、平面比例、剖面形式和剖面比例等，和尺度体量类似，这些要素对其自然采光、对流通风也有重要影响，如不同的高宽比会显著影响其内部空间的温室效应和烟囱效应，不同的剖面形式设计形成的顶面开口差异则会对内部热缓冲效应产生差异性影响。

最后，还需重视商业中庭的布局形式设计，常见商业中庭布局形式包括点式、线式和复合式。点式分布即传统的单一中心中庭形式，线式中庭空间主要包括曲线型和直线型，可互相交错、分叉或形成回路[6]，而复合式布局的出现主要是迎合当代消费文化对形式丰富空间的偏好，将各类中庭通过各异的组合共同组织的形式。数据显示在新建商业建筑中，多核心平面的设计形式被愈加频繁的运用。在选择丰富的空间关系为消费者带来更加多样的空间体验的同时，也需注重其对采光得热、对流通风以及相应能耗的实际影响。

（2）中庭空间的布局与组织形式

公共性强、内部空间开放流通的商业建筑常常因单一经营面积过大导致空调负荷的显著增加。应结合防火分区设置，将其分区面积控制在适宜范围内，便于在整体空间调适时实现能耗的分区处理。

核心式中庭是商业建筑中最常见的空间组织形式，但随着建筑体量逐渐增加，功能渐趋丰富，临边式和贯穿式中庭逐渐增多，商业入口空间的打造与临边式中庭相结合的手法愈发成为设计趋势。与此同时，由于一些商业建筑总面积较大，单一中庭无法满足实际使用需求，设计者通常采用多个组合中庭来实现建筑的多中心化，这种分布式组合中庭的任一单个中庭和核心式均较为类似。

在选取中庭的空间布局模式时，首先，需考虑各不同类型间的采光得热、对流换热的显著差别，如临边式中庭相较于核心式可更直接与外界进行热交换，而组合式中庭则比单一核心式采光更为充分。其次，确定中庭空间的布局同样需要注重适宜的朝向选择，建筑的朝向不同，基于太阳高度角、风向等气候条件的地域差异，可带来不同的采光得热与能耗结果。合适的朝向，既可以塑造丰富的空间体验，又可以实现能耗的节约。

1.3.2 优化建筑围护结构设计

与其他建筑类似，围护结构设计对商业建筑的气候适应效果尤为重要，其对光、热的选择性吸纳与阻隔，主要决定了商业建筑的节能效果表现。

（1）选取适宜的窗墙比

商业建筑的功能特性，决定了其对自然采光需求的较大弹性，因此对透光面的比例——窗墙比可以在一个相对大的范围内进行调节，而窗墙比可显著决定内部空间与外部自然环境的光热交换与对流通风。因此，选取适应场地气候的适宜窗墙比参数，能够显著提升商业建筑的节能效果。

（2）选取适宜的顶面围护结构

在商业建筑围护结构设计中，优化各内部空间尤其是中庭的顶面围护界面非常关键，发挥着对内部物理环境界定保护的控制作用。如大量商业综合体选择通过顶面天窗发挥采光得热的调节作用，顶面非透明围护结构部分同时基本决定着建筑的得热蓄热与传热能力，还左右着中庭无组织通风等关键被动式自循环体系等[7]。

在通风方面，顶部天窗的开启设计对商业中庭的内部通风有着十分重要的作用。适宜的天窗开启方式与可开启度设计可充分发挥其气候适应能力，如中庭顶界面设置外凸构造，采用高侧窗可显著增强通风效果，而设置多个内部通风天井并使之与中庭互联可组成完整的通风系统，还可以在中庭顶界面的出风口位置设置导风装置以增强风压通风等[8]。

（3）选取适宜的遮阳方式

最后，还需注重对顶面透明围护结构的遮阳设计。商业建筑中庭遮阳由于常被忽视，可使得中庭在夏季成为一个大型温室，显著增加建筑能耗。因此，对自然光的引入要适当，考虑全年的使用舒适性，可以利用遮阳手法来改善中庭空间的热舒适性。

对于水平天窗而言，浅色的内遮阳卷帘或角度、间距合适的外遮阳百叶是较好的选择；或是给围护结构镀膜，将天窗适度倾斜，增加光线服务范围，以及给内顶面增加反光设施等；可调节遮阳性能更为突出，可对于环境的变化及时作出调整，遮阳卷帘能够灵活开启或者关闭，智能遮阳的遮阳效果最好，但成本较高[9]。如上遮阳措施均可较好地改善商业中庭的绿色性能。

1.4 现有规范中的商业建筑空间设计指标

《绿色商店建筑评价标准》GB/T 51100—2015中，对商业建筑全寿命期内节能、节地、节水、节材、保护环境等性能进行了综合评价。其中包括如节能和能源利用、室内环境质量等技术内容。

《商店建筑设计规范》JGJ 48—2014中，为使商店建筑设计满足安全卫生、适用经济、节能环保等基本要求，针对商店建筑的建筑设计、防火疏散、室内环境和建筑设备提出了相应规定。

针对商业建筑的总体空间形式现有规范尚未作出相应规定。

针对商业建筑功能空间组织亦无明确条文规定。商业建筑的功能多样，组织形式更为繁多，不同的组织形式造成的各类能耗均不相同，现有规范仅针对各功能区自身做出相应节能规定，并未考虑不同功能空间组织对建筑综合能耗的影响。

针对商业建筑内部单一空间的形态设计尚无相应规范进行明确规定。目前规范仅针对建筑中庭等空间做出了有限的节能规定，未系统地考虑几何形状、空间位置、空间大小与建筑性能的关系。

表3-1将现有规范中涉及商业建筑设计的空间设计指标进行了梳理和归纳：

商业建筑设计空间设计指标 表3-1

分类	类别	条文	出处
空间设计要求	体形及朝向	7.1.1 应结合场地自然条件和建筑功能需求，对建筑的体形、平面布局、空间尺度、围护结构等进行节能设计，且应符合国家有关节能设计的要求	《绿色建筑评价标准》GB/T 50378—2019
	空间	8.2.5 改善建筑室内天然采光效果，评价总分值为10分，按下列规则评分：入口大厅、中庭等大空间的平均采光系数不小于2%的面积比例达到50%，且有合理的控制眩光和改善天然采光均匀性措施，得5分；面积比例达到75%，且有合理的控制眩光和改善天然采光均匀性措施，得10分	《绿色商店建筑评价标准》GB/T 51100—2015

分类	类别	条文	出处
空间设计要求	空间	4.2.2 营业厅内通道的最小净宽度应符合表4.2.2的规定	《商店建筑设计规范》JGJ 48—2014

营业厅内通道的最小净宽度　　　　表 4.2.2

通道位置		最小净宽（m）
通道在柜子或货架与墙面或陈列窗之间		2.20
通道在两个平行柜台或货架之间	每个柜台或货架长度小于7.50m	2.20
	一个柜台或货架长度小于7.50m，另一个柜台或货架长度为7.50~15.00m	3.00
	每个柜台或货架长度为7.50~15.00m	3.70
	每个柜台或货架长度大于15.00m	4.00
	通道一端设有楼梯时	上下两个楼梯段宽度之和再加1.00m
柜台或货架边与开敞楼梯最近踏步间距离		4.00m，并不小于楼梯间净宽度

4.2.3 营业厅的净高应按其平面形状和通风方式确定，并应符合表4.2.3的规定

营业厅的净高　　　　表 4.2.3

通风方式	自然通风			机械排风和自然通风相结合	空气调节系统
	单面开窗	前面敞开	前后开窗		
最大进深与净高比	2:1	2.5:1	4:1	5:1	—
最小净高（m）	3.20	3.20	3.50	3.50	3.00

续表

分类	类别	条文	出处
空间设计要求	空间	4.2.10 大型和中型商店建筑内连续排列的商铺之间的公共通道最小净宽度应符合表4.2.10的规定	

连续排列的商铺之间的公共通道最小净宽度　　　　表 4.2.10

通道名称	最小净宽度（m）	
	通道两侧设置商铺	通道一侧设置商铺
主要通道	4.00，且不小于通道长度的1/10	3.00，且不小于通道长度的1/15
次要通道	3.00	2.00
内部作业通道	1.80	—

分类	类别	条文	出处
		5.1.2 严寒和寒冷地区商店建筑的主要外门应设置门斗、前室或采取其他减少冷风渗透的措施，其他地区商店建筑的主要外门应设置风幕	《绿色商店建筑评价标准》GB/T 51100—2015
		4.2.6 严寒地区建筑出入口应设门斗或热风幕等避风设施，寒冷地区建筑出入口宜设门斗或热风幕等避风设施	《民用建筑热工设计规范》GB 50176—2016
		4.2.14 日照充足地区宜在建筑南向设置阳光间，阳光间与房间之间的围护结构应具有一定的保温能力	

1.5 商业建筑空间形态绿色设计研究框架

针对当前我国商业建筑设计存在的问题和绿色设计亟须的相应设计策略与方法，本图解商业建筑篇针对商业建筑的空间形态绿色设计中：总体空间形式设计、功能空间组织设计、典型关键空间—中庭空间形态设计各设计内容，通过典型原型抽取、性能模拟分析、策略归纳总结，以图示化形式初步探索形成了商业建筑适应我国不同典型气候条件的相应空间模式。

商业建筑的模拟分析计算过程、选用的性能仿真模拟工具以及使用的能耗、光、热各项评价指标均与办公建筑相同。研究同样按照"商业建筑原型界定—空间形态设计因素分析—性能模拟实验—绿色性能验证分析—归纳结论与策略"的逻辑展开。首先，通过理论分析和案例调研建立典型商业建筑空间形态原型，对围护结构实体、开口、构件、运行时间、人员发热量、新陈代谢水平、服装热阻和其他设备进行统一的参数设置。其次，针对各设计内容关键空间形态设计变量开展对照数值模拟计算及对比验证分析。最后，通过理论分析比较，总结得出其总体空间形式设计、功能空间组织设计、典型关键空间形态设计相应的适宜性设计策略，研究的具体框架如图3-1所示。

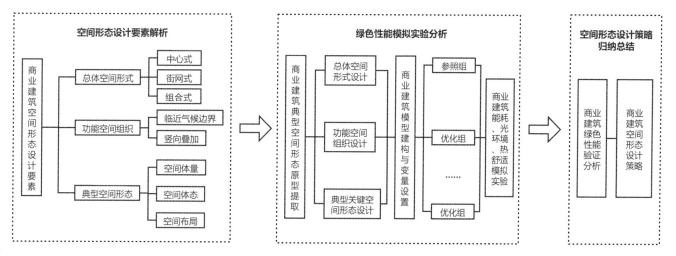

图3-1　气候适应性绿色商业建筑功能空间设计研究框架图

参考文献

[1] 《中国购物中心行业市场前瞻与投资战略规划分析报告》. https：//bg.qianzhan.com/report/detail/c2a70ca84cac4e9d.html.

[2] 住房和城乡建设部科技发展促进中心，中国建筑节能发展报告[M]. 北京：中国建筑工业出版社，2015.

[3] 中华人民共和国住房和城乡建设部，中华人民共和国国家质量监督检验检疫总局. 绿色商店建筑评价标准：GB 51100—2015[S]. 北京：中国建筑工业出版社，2015.

[4] https：//www.jerde.com/studio/about.

[5] 中国城市科学研究会. 中国绿色建筑2016[M]. 北京：中国建筑工业出版社，2016.

[6]　衡贵猛. 大型商业综合体中庭空间设计研究[D]. 南京：南京工业大学，2012.

[7]　张微微. 严寒地区商场建筑节能设计研究[D]. 哈尔滨：哈尔滨工业大学，2007.

[8]　葛家乐. 基于气候适应性的寒地建筑中庭设计研究[D]. 哈尔滨：哈尔滨工业大学，2013.

[9]　朱琳. 建筑中庭的被动式生态设计策略[D]. 长沙：湖南大学，2008.

2　商业建筑绿色空间模式

2.1　商业建筑总体空间形式绿色设计

2.1.1　调研与整理

　　商业建筑的总体空间形式提取，选取了我国严寒、寒冷、夏热冬冷、夏热冬暖四个典型气候区中10个代表城市的70个经典商业建筑进行实际调研。通过对调研案例总体空间形式整理归纳，发现在调查汇总的案例中中心式约占15%，街网式约占25%，组合式约为10%，是三种最主要的总体空间形式类型。其他商业建筑的总体空间形式常以这三种模式为基础，进行组合布局。因此，将商业建筑主要归纳为街网式、中心式、组合式三种总体空间形式。

　　将商业建筑调研案例的设计参数进行归纳整理，发现商业建筑的面积分布区间较大，从4万~20万m²均有涉及。但街网式、中心式、组合式三种组合模式均有分布的体量主要集中在8万~14万m²，因此，选取了12万m²的商业建筑面积作为商业建筑的代表面积，并基于此数值进行了相关的建模设计。

　　商业建筑的中庭占比，经统计确定常见的区间为6%~24%，在本研究中选取15%作为标准参数进行模型设置。同理，确定层高为5.5m，层数为6层，建筑功能主要分为中庭空间及其环绕的售卖空间、辅助空间等。

　　为完成商业建筑的系列性能模拟，同样需要对构建模型与边界条件进行相关设置，其中模型的围护结构参数同样依照《公共建筑节能设计标准》GB 50189—2015中规定的热工参数作为模拟中的默认参量进行了设置。在总体空间形式模拟中，基于案例调研，选择典型立面窗墙比为0.1，模型有设置天窗的，其开窗面积与所设中庭底层面积一致。在功能空间组合及典型单一空间模拟中，均采用相同数据，具体参数设置如表3-2所示。

围护结构参数设置   表3-2

部位	构造层次	热工性能
外墙	水泥砂浆20mm 聚苯乙烯泡沫板80mm 混凝土砌块100mm 石膏抹面15mm	传热系数为0.362W/（m²·K）
内墙	石膏板25mm 空气间层100mm 石膏板25mm	传热系数为1.639W/（m²·K）
玻璃 隔断	普通玻璃3mm 空气间层6mm 普通玻璃3mm 空气间层6mm 普通玻璃3mm	传热系数为2.178W/（m²·K）
外窗	双层Low-E玻璃	传热系数为1.786W/（m²·K）
屋面	水泥砂浆20mm 沥青10mm 泡沫塑料150mm 混凝土铸件100mm 石膏抹面20mm	传热系数为0.237 W/（m²·K）

针对能耗模拟，同样选择人工冷热源工况进行能耗模拟。并基于全楼典型功能空间类型及比例，选取或折算代表性功能空间的照明、设备功率密度，人员密度、散热量、新风量，运行时间，冬夏季房间设定温度等，用以统一设置总体空间形式模型相应参数。

针对光环境、热舒适模拟，同样仅选择代表性典型标准层进行模拟分析。在进行光环境模拟设置时，按照《建筑采光设计标准》GB 50033—2013，依据不同热工气候分区代表性城市对应的光气候区、光气候系数K值计算确定其不同的采光系数标准值，同时依据《民用建筑绿色性能计算标准》JGJ/T 449—2018等要求，选取0.75m为计算平面高度，1m×1m为计算测点网格精度。在进行热舒适模拟设置时，同样选择代表性典型标准层进行模拟分析，并且选择自然通风即非人工冷热源状况下2次/h自然通风换气水平开展逐时模拟。通过统计全年运行时间中舒适小时数占比评价其热舒适水平。新陈代谢水平依据《民用建筑室内热湿环境评价标准》GB/T 50785—2012规定各类活动标准值，基于全楼典型功能空间类型及比例，按男女平均折算为147W/人，服装热阻同样依据相同标准中代表性服装热阻表中的典型全套服装热阻，与办公建筑章节表2-3设置相同。

2.1.2 原型与分析

将商业建筑归纳为街网式、中心式、组合式三种总体空间形式类型。

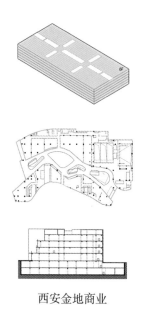

西安金地商业

街网式

街网式建筑的售卖区域沿网状中庭呈线性延展布置，主要的中庭沿建筑长边呈条带状分布，其他中庭分布在主要的中庭轴线的两侧。其典型特征为：建筑形态较为舒展，中庭空间成街网状分布，内部空间复杂多变。

在模拟中，将街网式模型的平面比例设置为1：2.25，长225m，宽100m。中庭面积占建筑占地面积的15%，主街中庭宽度设置为10m，次街宽度为8m。

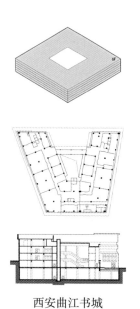

西安曲江书城

中心式

中心式的售卖区域围合一个通高的大中庭环绕布置。其典型特征为，建筑围绕一个中心中庭展开，周边店铺分布较为均匀，空间布局较为简洁明了。

中心式模型选取了正方形作为建筑平面形状，边长为150m，中间环绕的大中庭占建筑占地面积的15%，边长为58m。

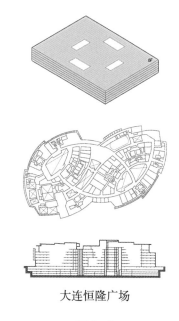

大连恒隆广场

组合式

组合式的售卖区则围绕多个组合的通高中庭布置。其典型特征为售卖空间环绕多个等级相同的、组合的中庭空间分散布置，人流集散更为自由，空间分布更为灵活。

组合式模型设置了四个相同大小的中庭呈环状布置，建筑长180m，宽125m。中庭占比同样为15%，每个中庭的长均为41m，宽均为20.5m。

2.1.3 模拟与结论

选取各气候区的典型城市，模拟得到各总体空间形式在各个气候区的负荷情况。依据《公共建筑节能设计标准》GB 50189—2015中设备系统性能系数（COP）的规定，结合具体的空调设备运行情况，选取哈尔滨、北京、上海和广州四个地区的COP为4.50。将负荷进行折算，并对得到的能耗结果进行比较。

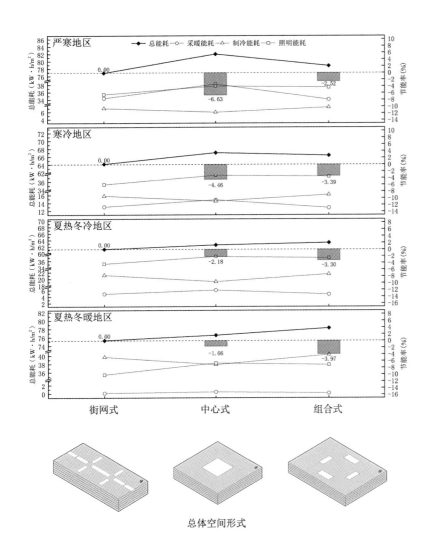

总体空间形式

经模拟，能耗结果显示：

（1）各气候区均为街网式单位面积总能耗最小，节能率最高。

（2）严寒地区和寒冷地区组合式的总体空间形式与街网式差异较小。

（3）夏热冬冷和夏热冬暖地区，中心式的总体空间形式与街网式相比，节能率相差不大。

由此得出商业建筑总体空间形式节能优化建议：

（1）各气候区商业建筑均可考虑采用街网式的总体空间形式。

（2）严寒地区也可采用组合式的总体空间形式。

（3）夏热冬冷和夏热冬暖地区则同样可采用中心式的总体空间形式。

2.1.4 光环境模拟与结论

sDA$_{300/50\%}$

严寒地区24.8% in Range   22.7% in Range   25.7% in Range

寒冷地区 24.8% in Range   22% in Range   25.1% in Range

夏热冬冷地区31.3% in Range   26.9% in Range   31.5% in Range

 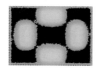

夏热冬暖地区30% in Range   25.6% in Range   30.1% in Range

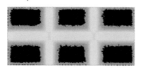

街网式   中心式   组合式

总体空间形式

模拟结果显示:

（1）在四个气候区中，光照强度状况差异不大，且各模式间都表现为街网式和组合式优于中心式，且这种优势在夏热冬冷和夏热冬暖气候区更为明显。

（2）与严寒和夏热冬冷气候区相比，寒冷和夏热冬暖气候区的全年采光强度水平略低。

由此得出商业建筑总体空间形式的采光优化建议:

（1）在夏热冬冷和夏热冬暖地区，宜选用街网式或组合式获得更充足的采光。

（2）在严寒、寒冷地区，总体空间形式选择具有更多自由。

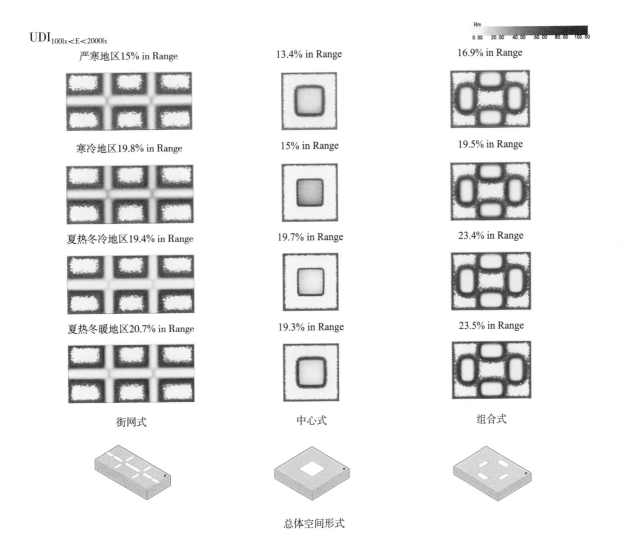

UDI$_{100lx<E<2000lx}$

严寒地区15% in Range	13.4% in Range	16.9% in Range
寒冷地区19.8% in Range	15% in Range	19.5% in Range
夏热冬冷地区19.4% in Range	19.7% in Range	23.4% in Range
夏热冬暖地区20.7% in Range	19.3% in Range	23.5% in Range
街网式	中心式	组合式

总体空间形式

模拟结果显示：

在四个气候区中，组合式和街网式均表现出更高的总体采光质量，值得注意的是，在夏热冬冷和夏热冬暖气候区，和街网式同样具备较高采光强度水平的组合式，采光质量显著占优，而在严寒与寒冷地区，街网式仍保持了与组合式相当的采光质量。

由此得出商业建筑总体空间形式的采光优化建议：

（1）在夏热冬冷和夏热冬暖地区，更宜选用组合式获得更高质量的采光。

（2）在严寒、寒冷地区，组合式和街网式相对较优，但总体空间形式相对具有更多自由。

2.1.5 热舒适模拟与结论

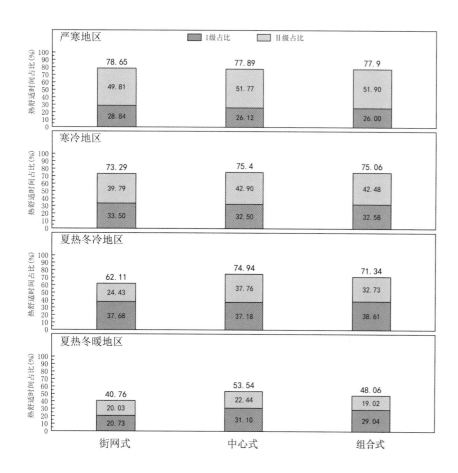

模拟结果显示:

(1)严寒、寒冷地区各模式间差异不大。

(2)夏热冬冷、夏热冬暖气候区为中心式热舒适状况最优,组合式次之,街网式最差。

由此得出商业建筑总体空间形式的热舒适优化建议:

(1)在严寒、寒冷地区具有较大设计自由。

(2)在夏热冬冷、夏热冬暖气候区,宜选用组合式或中心式总体空间形式。

总体空间形式

2.2 商业建筑功能空间组织绿色设计

2.2.1 调研与整理

在总体空间形式模拟结果的基础上，综合考虑性能优化潜力以及应用前景，选取街网式、中心式总体空间形式，进行进一步的功能空间组织及单一空间设计研究。

基于第一步的总体空间形式案例调研，总结商业建筑普遍的功能、流线、结构要求，合理排布空间位置，总结出最普遍的功能组织选项。目前，现有的商业功能模式在垂直布局方面，大致为：餐饮与影院置于商业建筑上部，商铺部分位于中部，超市位于底部。因此，将中心式及街网式的标准模型设置为：顶层为通高的影院空间，与之相邻的是餐饮空间，中间设置高档商铺和一般商铺，底层设置为超市空间和高档商铺空间。

构建模型与边界条件的相关设置主要依循第一步总体空间形式的设置方式，如围护结构、典型窗墙比等。针对空间组织中更为细分的功能空间，依照规范赋予了不同区域对应的参数，具体参数设置如表3-3所示。

商业建筑房间分区参数 表3-3

分区名称	照明功率密度（W/m²）	设备功率密度（W/m²）	人员密度（m²/人）	人员散热量（W/人）	新风量[m³/(h·人)]	房间夏季设定温度（℃）	房间冬季设定温度（℃）	房间照度（lx）	参考平面及高度（m）
水平交通	5	13	4	181	19	26	20	300	0.8m水平面
辅助空间	5	13	50	134	/	28	18	100	0.8m水平面
中庭空间	11	13	50	134	20	27	18	300	0.8m水平面
餐饮空间	10	13	1	134	30	26	18	200	0.8m水平面
影院空间	6	13	2	108	20	26	18	100	0.8m水平面
普通商铺	10	13	4	181	19	26	20	300	0.8m水平面
高档商铺	16	13	4	181	19	26	20	500	0.8m水平面
超市	17	13	2.5	181	19	26	18	500	0.8m水平面

考虑模型各楼层功能分布之于全楼的代表性，本节的能耗、热舒适模拟研究仍仅选择典型标准层进行模拟验证分析。另考虑空间组织仅有功能置换，而光环境差异，故不再进行光环境模拟。针对能耗与热舒适模拟设置，冷热源工

况、暖通空调设备COP、自然通风工况时换气次数要求、人员服装热阻的设置同样与之保持一致。热舒适逐时模拟时依据《民用建筑室内热湿环境评价标准》GB/T 50785—2012，为不同功能空间设置了相应不同的新陈代谢水平如表3-4所示。

商业建筑各功能空间人员新陈代谢水平 表3-4

分区名称	活动类型	Met（1Met=58.15W/m²）	W/人
楼电梯	①平地步行 3km/h；②立姿，放松	1.9	183.96
走廊	平地步行 4km/h	2.8	271.10
辅助	①平地步行 3km/h；②立姿，放松	1.9	183.96
售卖空间	立姿，轻度活动（购物、实验室工作、轻体力工作）	1.6	154.91
餐饮	坐姿，放松	1	96.82
办公	坐姿活动（办公室、居住建筑、学校、实验室）	1.2	116.18
超市	立姿，轻度活动（购物、实验室工作、轻体力工作）	1.6	154.91
高档商铺	立姿，轻度活动（购物、实验室工作、轻体力工作）	1.6	154.91
影院	坐姿，放松	1	96.82
商铺	立姿，轻度活动（购物、实验室工作、轻体力工作）	1.6	154.91
门厅	①平地步行 3km/h；②立姿，放松	2.1	203.32
中庭	①平地步行 3km/h；②立姿，放松	2.1	203.32

2.2.2　原型与分析

经前期调研，街网式和中心式确定了三种常见的功能空间组织模式，并确定模拟组别为低层高档商铺式、低层餐饮式、低层普通商铺式。

（一）中心式

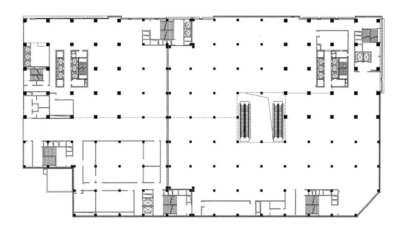

长春红旗街万达

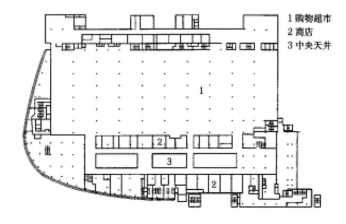

1 购物超市
2 商店
3 中央天井

法国巴黎贝西区第二购物中心

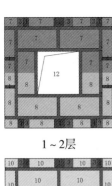

1~2层

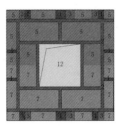

1~2层

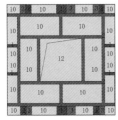

3~4层

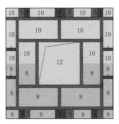

3~4层

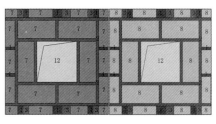

1层　　　　2层

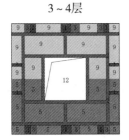

5~6层

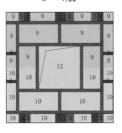

5~6层

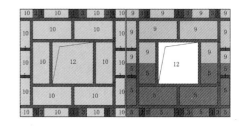

3~4层　　　5~6层

| 1 楼电梯 | 2 走廊 | 3 辅助 | 4 售卖空间 | 5 餐饮 | 6 办公 | 7 超市 | 8 高档商铺 | 9 影院 | 10 商铺 | 11 门厅 | 12 中庭 |

低层高档商铺

　　低层高档商铺式是典型的商业建筑功能组织模式，将餐饮设置于顶层，底层部分设置超市，部分设置高档售卖空间。

低层餐饮

　　低层餐饮式是典型的商业建筑功能组织模式，将影院和一般售卖空间设置于顶层，底层部分设置超市，部分设置餐饮空间。

低层普通商铺

　　低层普通商铺式是典型的商业建筑功能组织模式，将餐饮和影院空间设置于顶层，其他功能均整层设置，最底层为超市。

（二）街网式

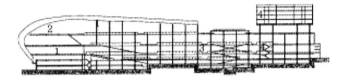

法国巴黎贝西区第二购物中心

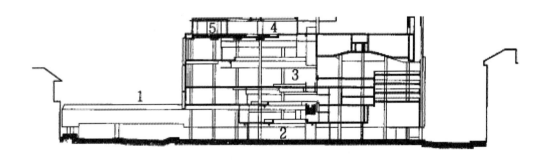

新加坡Lluma娱乐零售综合体

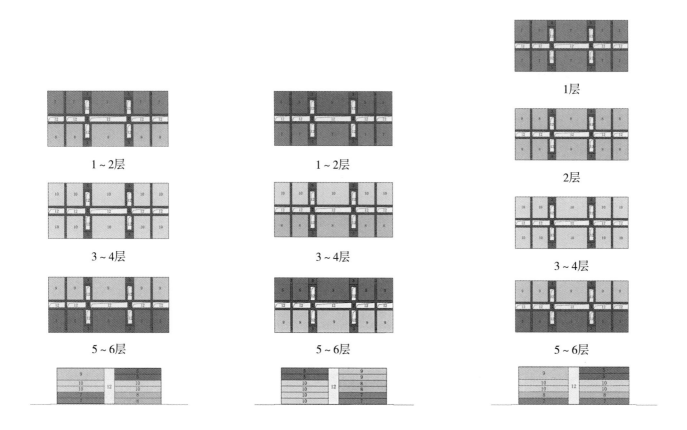

1~2层　　　　　　　1~2层　　　　　　　1层

3~4层　　　　　　　3~4层　　　　　　　2层

5~6层　　　　　　　5~6层　　　　　　　3~4层

　　　　　　　　　　　　　　　　　　　5~6层

| 1 楼电梯 | 2 走廊 | 3 辅助 | 4 售卖空间 | 5 餐饮 | 6 办公 | 7 超市 | 8 高档商铺 | 9 影院 | 10 商铺 | 11 门厅 | 12 中庭 |

低层高档商铺

低层高档商铺是典型的商业建筑功能组织模式，将餐饮设置于顶层，底层部分设置超市，部分设置高档售卖空间。

低层餐饮

低层餐饮是典型的商业建筑功能组织模式，将影院和一般售卖空间设置于顶层，底层部分设置超市，部分设置餐饮空间。

低层普通商铺

低层普通商铺是典型的商业建筑功能组织模式，将餐饮和影院空间设置于顶层，其他功能均整层设置，最底层为超市。

2.2.3　模拟与结论

（一）中心式

临近气候边界、功能竖向叠加

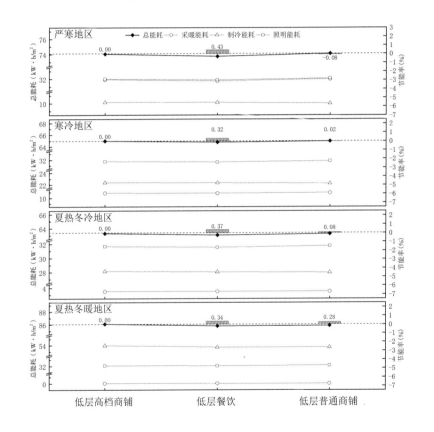

　　经模拟，能耗结果显示：

　　（1）各方案间的节能率变化非常微小，但整体而言，除了严寒地区，低层餐饮式和低层普通商铺式相较于低层高档商铺式更加节能。

　　（2）在各个方案间，照明能耗的改变是导致能耗变化的主要因素。

　　由此得出中心式商业建筑内部功能空间组织的节能优化建议：

　　中心式商业空间内部功能空间组织对建筑能耗的影响并不明显，因此在设计时拥有较大自由。

中心式功能空间组织

（二）街网式

临近气候边界

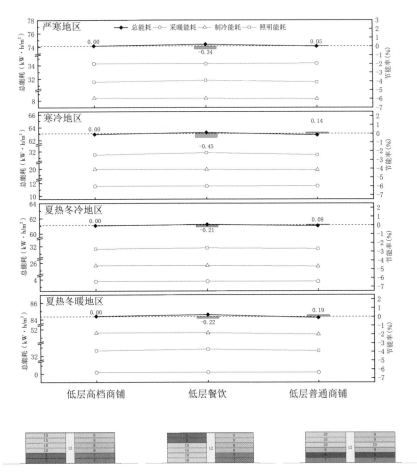

街网式功能空间组织

经模拟，能耗结果显示：

（1）街网式各方案间的节能率变化同样较为微小。

（2）与照明能耗相比，制冷能耗和采暖能耗受到内部功能组织改变而引起的相应变化较小。

由此得出街网式商业建筑内部空间组织模式的节能优化建议：

街网式商业建筑内部功能空间组织的变化，对建筑能耗的影响并不显著，因此在设计时拥有较大自由。

2.2.4　窗墙比对空间组织能耗的影响

从实际收集的案例来看，围护结构的窗墙比表现出显著差异。以及窗墙比可通过显著影响建筑得热、传热、蓄热与散热属性，可改变商业建筑不同空间组织方案的绿色节能潜力的围护结构重要参数，本研究就不同窗墙比对商业建筑各功能空间组织方案的节能效果影响进行了深入研究。

《公共建筑节能设计标准》GB 50189—2015中考虑到我国大量公共建筑采用了玻璃幕墙等较大窗墙比立面形式，为减少权衡判断，提升设计效率，已取消了2005版标准对于建筑各朝向的窗（包括透明幕墙）墙面积比均不应大于0.70的强制性条文规定。而基于调研发现，大量商业建筑案例窗墙比集中于0.1～0.9的取值范围，同时部分案例集中选用了以玻璃幕墙为代表的更高窗墙比立面。本研究针对商业建筑的内部空间组织优化设计，选取了0.1～0.9区段，以0.2为步长的窗墙比变量范围，对不同窗墙比下，上述中心式和街网式商业建筑的功能空间组织进行进一步细化研究。

研究尝试通过探究连续变化的窗墙比下，商业建筑不同功能空间组织方案的节能效果潜力，进而揭示不同窗墙比设置时，特定气候区的适宜功能空间组织方案。

2.2.5　模拟与结论

（一）中心式

临近气候边界、功能竖向叠加

气候区

总能耗与窗墙比关系

照明能耗与窗墙比关系

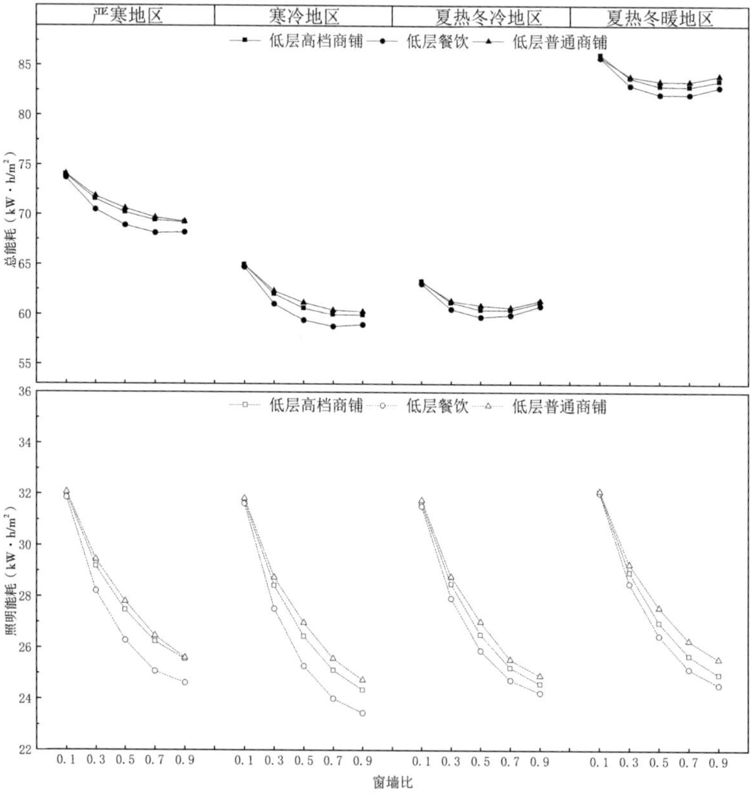

　　经模拟，能耗结果显示：

　　（1）在四个气候区，总能耗均随窗墙比的提升先降低再增加，但严寒、寒冷地区的拐点在窗墙比较大（0.7左右）时出现，而夏热冬冷、夏热冬暖地区的拐点则在窗墙比适中（0.5左右）时出现。

　　（2）在各气候区随着窗墙比逐渐变大，照明能耗均逐渐降低，但逐渐趋于平缓；采暖能耗逐渐降低，制冷能耗则不断攀升。

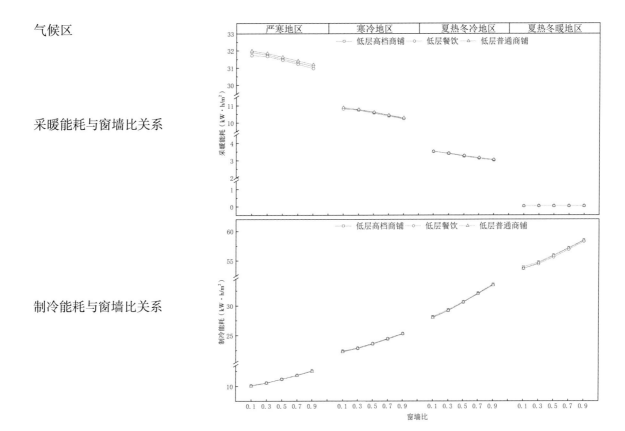

气候区

采暖能耗与窗墙比关系

制冷能耗与窗墙比关系

由此得出中心式商业建筑在不同窗墙比下时功能空间组织的节能优化建议：

（1）严寒地区和寒冷地区在中心式商业建筑的窗墙比设计时，可优先考虑较大的窗墙比（0.5～0.7），但需注意避免过小（＜0.3）或过大（＞0.7）的窗墙比。

（2）夏热冬冷地区和夏热冬暖地区在中心式商业建筑的窗墙比设计时，建议选择适中（0.5左右）的窗墙比，同时要谨慎考虑选择过大或过小的窗墙比。

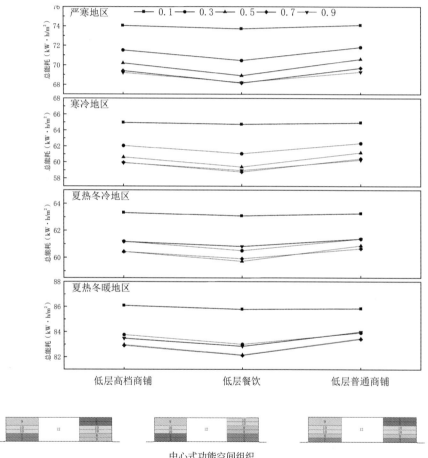

中心式功能空间组织

经模拟，能耗结果显示：

（1）北方各方案间的能耗差距相较于南方而言差距更大，这可能是由于北方的太阳高度角更低，自然采光照射范围更深，对于内部功能的改变更加敏感造成的。

（2）窗墙比为适中或偏大时，低层餐饮组节能效果最为显著，低层高档商铺组次之。

由此得出中心式商业建筑不同窗墙比设置时功能空间组织的节能优化建议：

（1）中心式商业建筑在各个气候区适中或较大窗墙比（0.3~0.9）下均建议采用低层餐饮式（尤其是适中窗墙比下），即将高性能空间放置于底层，同时将照明能耗要求高的空间设置在中上层而非底层采光不佳的空间。

（2）中心式商业建筑于各个气候区在较小窗墙比（0.1~0.3）下均享有较大的设计自由。

（二）街网式

临近气候边界

气候区

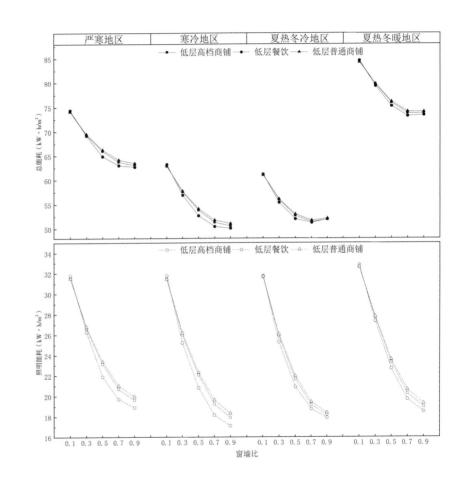

总能耗与窗墙比关系

照明能耗与窗墙比关系

经模拟，能耗结果显示：

（1）在严寒、寒冷地区，各方案总能耗均随窗墙比增大而持续降低，降速逐渐放缓。而在夏热冬冷和夏热冬暖地区总能耗则均随窗墙比提升先降低再增加，拐点在窗墙比较大（0.7左右）时出现。

（2）在各气候区，随着窗墙比逐渐变大，照明能耗均逐渐降低，但逐渐趋于平缓，采暖能耗逐渐降低，制冷能耗则不断攀升。

气候区

采暖能耗与窗墙比关系

制冷能耗与窗墙比关系

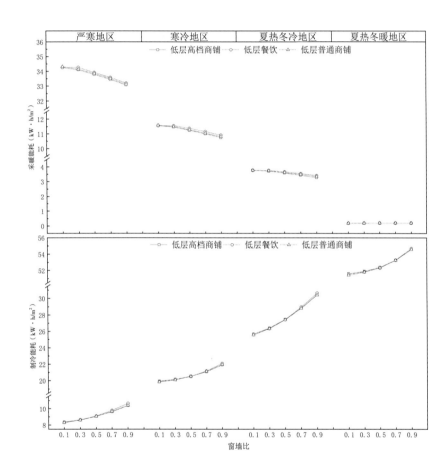

由此得出街网式商业建筑在不同窗墙比下时功能空间组织的节能优化建议：

（1）严寒地区和寒冷地区在街网式商业建筑的窗墙比设计时，可优先考虑较大的窗墙比（0.7～0.9）。

（2）夏热冬冷地区和夏热冬暖地区的街网式商业建筑窗墙比设计，建议选择较大（0.7左右）的窗墙比，但要谨慎考虑选择过小或过大的窗墙比。

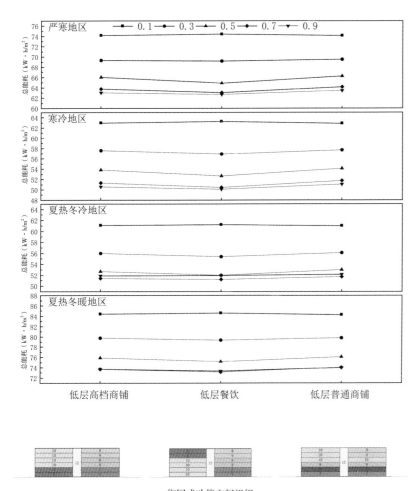

街网式功能空间组织

经模拟，能耗结果显示：

（1）与中心式相比，街网式各方案之间的能耗差距较小。这可能是由于街网式主要依靠侧窗采光，相较于进深较大的中心式而言节能潜力更小导致的。

（2）北方各方案间的能耗差距相较于南方而言较大，这可能是由于北方的太阳高度角更低，自然采光照射范围更深，对于内部功能的改变更加敏感造成的。

由此得出街网式商业建筑不同窗墙比设置时功能空间组织的节能优化建议：

街网式商业建筑各空间组织方案间无较大能耗差异。设计时结合经济性、美观、适用等因素综合考虑。

2.2.6　热舒适模拟与结论

（一）中心式

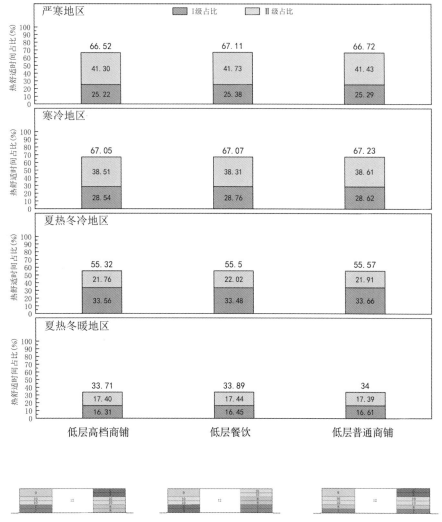

中心式功能空间组织

经模拟，能耗结果显示：

各气候区各设置组间差别不大。

由此得出中心式商业建筑功能空间组织的热舒适优化建议：

在各气候区均具有较大设计自由，可综合各因素权衡利弊。

（二）街网式

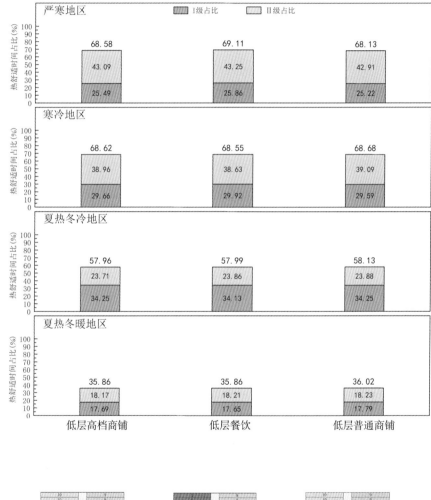

街网式功能空间组织

经模拟，能耗结果显示：

各气候区各设置组间差别不大。

由此得出街网式商业建筑功能空间组织的热舒适优化建议：

在各气候区均具有较大设计自由，可综合各因素权衡利弊。

2.3　商业建筑典型单一空间形态绿色设计

2.3.1　调研与整理

　　商业建筑关键绿色潜力空间是中庭空间和售卖空间，售卖空间是商业建筑的主体空间，中庭空间是组织商业活动的关键中介空间，其包含交通、交流、休闲等多种功能，是集多个功能于一体的综合性空间。

　　商业建筑中庭空间是建筑的重要组成部分，与建筑主体有明确的互动关联，有时也通过顶界面天窗或侧面玻璃幕墙与外界环境互通，且中庭空间在现代建筑中频繁出现，常通高两层或两层以上，其大空间、大采光面对室内热环境产生一定影响。因此，本书选取中庭空间为商业建筑的典型单一空间，并针对这一典型空间进行体量、体态、布局三个部分的模拟实验。

　　本研究是就对能耗性能有关键影响的普通性能缓冲空间开展的研究，而此类空间一般不为建筑光环境与热舒适性能最为关注的部分，且限于篇幅，因此，本书针对选择的代表性典型单一空间主要开展了其节能性能表现的相关研究，不再对其光环境与热舒适性能开展相关研究。

2.3.2　原型与分析

　　中庭的体态变化主要分为体量、体态、布局三个部分。

1. 空间体量

西安曲江书城

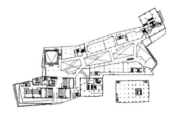
重庆协信星光时代广场

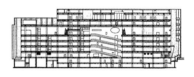
深圳南山书城

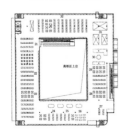
武汉中百超市

加拿大多伦多伊顿中心

沈阳星摩尔购物广场

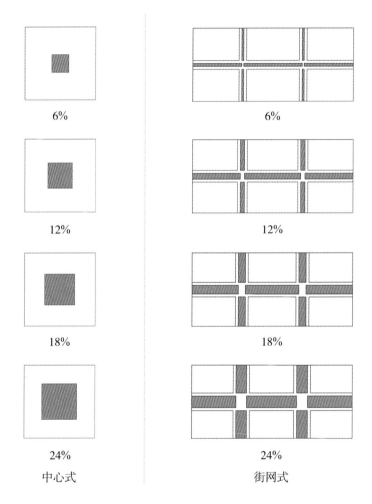

6%

6%

12%

12%

18%

18%

24%

24%

中心式

街网式

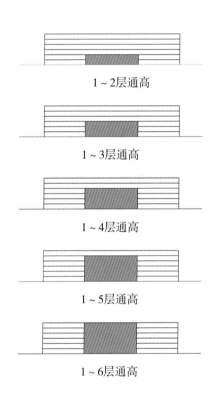

1~2层通高

1~3层通高

1~4层通高

1~5层通高

1~6层通高

中庭面积占比

中庭的体量在平面上主要受中庭占比的影响。经前期调研可知，虽然不同业态、不同定位的商业建筑的中庭面积占比往往不同，但中庭占比大致范围为：6%~24%。因此，针对中庭占比参数在模拟中设置梯度为6%，中心式参数设置为6%、12%、18%和24%，街网式参数设置为6%、12%、18%和24%。其中，中心式通过控制边长大小来控制中庭占比，街网式则通过控制中庭宽度实现中庭占比变化。

中庭通高层数

中庭的空间体量也受层数的影响。因此，通过设置中庭通高层数由通二层至通顶变化，实现中庭体量变化。

2. 空间体态

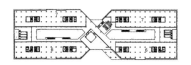

北京国际图书城

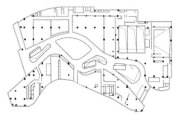

西安金地广场

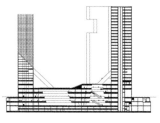

成都来福士广场

西安曲江书城

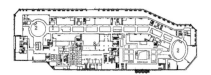

郑州二七万达广场购物中心

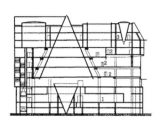

德国柏林Lafayette购物中心

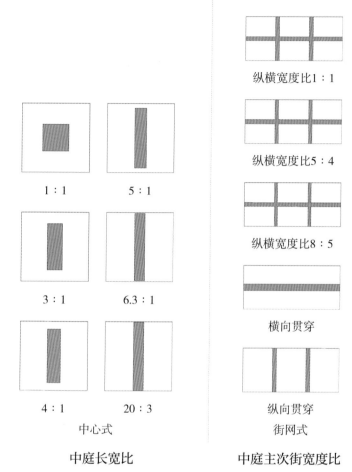

中心式

1 : 1   5 : 1

3 : 1   6.3 : 1

4 : 1   20 : 3

中庭长宽比

纵横宽度比1 : 1

纵横宽度比5 : 4

纵横宽度比8 : 5

横向贯穿

纵向贯穿

街网式

中庭主次街宽度比

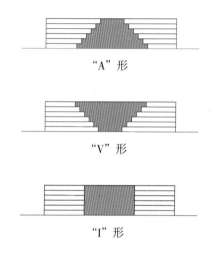

"A" 形

"V" 形

"I" 形

中庭剖面形状

中心式的平面体态主要通过中庭的长宽比进行控制,将模拟分为6组,长宽比分别为1 : 1、3 : 1、4 : 1、5 : 1、6.3 : 1、20 : 3,在中庭的长度足够长时,该变化会导致中心式贴近于街网式,因此该模拟同样可以验证中心式与街网式间的能耗差异。

街网式的空间体态主要通过控制主街和次街中庭的宽度比来实现,主街的形式变化也是平面体态变化的一部分,因此将模拟分为5组,宽度比分别为1 : 1、5 : 4、8 : 5、横向贯穿和纵向贯穿。

中心式中庭的剖面形态与中庭的采光、通风以及空间感受密切相关。中庭的剖面形状是中庭形态研究的一个重点。同时,由于剖面体态的变化对于街网式而言并不常见,因此在此处主要探讨中心式剖面形状的变化对于能耗的影响。经文献调研,将中庭剖面形状分为"A"形、"V"形和"I"形。在进行体态变化时,天窗的变化将作为体态变化的一部分进行探讨。

3. 空间布局

日本大阪HEP FIVE购物中心

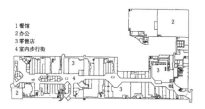

加拿大多伦多伊顿中心

西安民乐园万达广场

天津银河国际购物中心

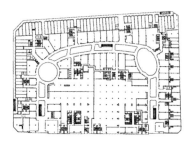

湘潭万达广场

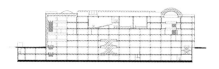

西安民乐园万达广场

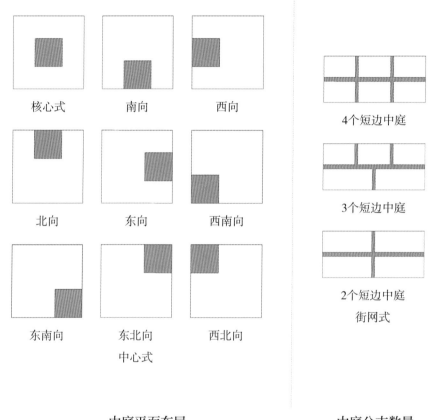

核心式　　　南向　　　西向

北向　　　东向　　　西南向

东南向　　　东北向　　　西北向

中心式

中庭平面布局

4个短边中庭

3个短边中庭

2个短边中庭
街网式

中庭分支数量

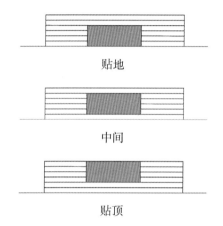

贴地

中间

贴顶

中庭剖面布局

　　中心式的平面布局依据中庭平面位置的不同，可将中庭分为核心、单向、双向三组进行模拟，核心式为参照组，中庭空间位于建筑中心，四边有售卖空间环绕。单向类中庭位于建筑边缘，除了顶部，其侧面也采用透明围护结构。双向类中庭位于建筑角部，三面采用透明围护结构。

　　街网式则由于其自身形态原因很难产生中心式的平面布局变化，通常街网式是通过改变中庭分支的个数来实现其平面布局变化。

　　剖面布局上，相同的中庭体量，在剖面位置不同时，也会由于围护结构外环境的影响而产生能耗差异。因此，在该模拟中将以四层通高中庭的贴地、贴顶和位于中间时的能耗变化来探讨不同的中庭剖面布局对于能耗的影响。

2.3.3 模拟与结论

（一）中心式

1. 空间体量
（1）中庭面积占比

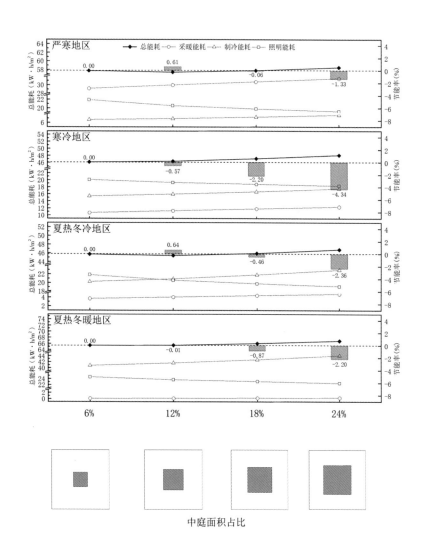

中庭面积占比

经模拟，能耗结果显示：

（1）总体来看，各气候区中心式中庭面积占比越大，单位面积能耗越高。但是中庭占比很小时（6%），不利于采光，照明能耗较高。

（2）单位面积制冷能耗和采暖能耗均随中庭面积占比的增大而升高。单位面积照明能耗随中庭面积占比的增大而降低。

（3）严寒地区的中庭占比对于总能耗的影响相较于夏热冬冷及夏热冬暖地区更小。

由此得出中心式中庭空间节能优化建议：

（1）在进行绿色商业建筑的中心式中庭空间设计时，各气候区建议选择较小中庭，但需注意中庭面积不可过小，以防止照明能耗显著增加。

（2）严寒气候区过大中庭面积的能耗损益有限，因此中庭面积设计较其他气候区享有更多自由。

（3）寒冷、夏热冬冷、夏热冬暖气候区中庭面积过大时制冷能耗损益明显，均需严格控制中庭面积。尤其注意寒冷地区中庭面积不可过大。

（2）中庭通高层数

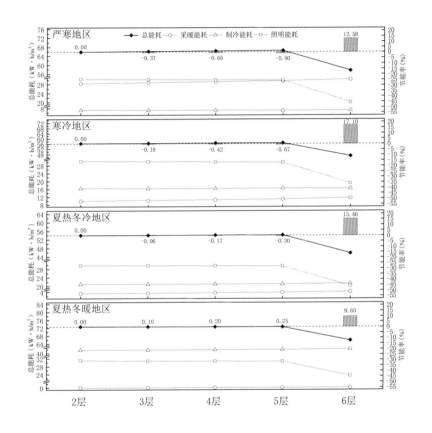

中庭通高层数

经模拟，能耗结果显示：

（1）在所有气候区，中心式中庭在进行剖面体量变化时，通顶都会带来明显的节能效果，这主要是由于天窗的引入带来的照明能耗的急剧下降。在未通顶时，各气候区单位面积照明能耗会随着中庭通高层数的增加而逐渐略有减小。

（2）在通顶的情况下，各气候区天窗的引入均减少了照明能耗。但是由于围护结构的改变，在北方地区，单位面积采暖能耗会由于天窗的引入而有所上升，而南方地区的能耗上升则主要体现在制冷能耗的增加。

（3）在未通顶时，各气候区单位面积采暖和制冷能耗变化并不明显。

由此得出中心式中庭空间节能优化建议：

（1）各气候区考虑到采光中庭对单位照明能耗的明显减小，建议在设计中心式中庭时引入天窗。

（2）在中庭未通顶的情况下，针对中庭通高层数的设计选择较为自由。但总体而言，北方地区仍不建议采用通高层数较多的中庭。

2. 空间体态

（1）中庭平面长宽比

经模拟，能耗结果显示：

（1）在所研究的四个气候区，中庭长宽比由1：1变为6.3：1时，单位面积照明能耗均随着中庭长宽比的增大逐渐升高，而采暖能耗与制冷能耗的变化并不明显，因此总能耗随之呈上升趋势。

（2）当中庭长宽比自6.3：1变为20：3时，四个气候区的单位面积照明能耗均随着侧窗的引入而下降，但单位面积制冷能耗与采暖能耗变化趋势不尽相同。在严寒和寒冷地区，中庭长宽比为20：3时，侧窗的引入带来的采暖和照明能耗降低的效果明显；而在夏热冬冷和夏热冬暖地区，侧窗的引入使得制冷能耗显著增加，且明显抵消了照明和采暖能耗减少带来的增益，因而总体没有明显的节能效果。

由此得出中心式中庭空间节能优化建议：

（1）在各个气候区，中心式商业建筑的中庭平面体态设计在未采用贯穿式中庭的情况下，应尽可能采用集中式中庭，以获得较好的节能效果，避免或减少使用较为狭长的中庭。

（2）对于严寒和寒冷地区，当采用长宽比较大的中庭时，有条件可以采用贯穿式中庭，通过引入侧窗以降低能耗。而对于夏热冬暖和夏热冬冷地区，应尽量避免采用狭长式中庭。

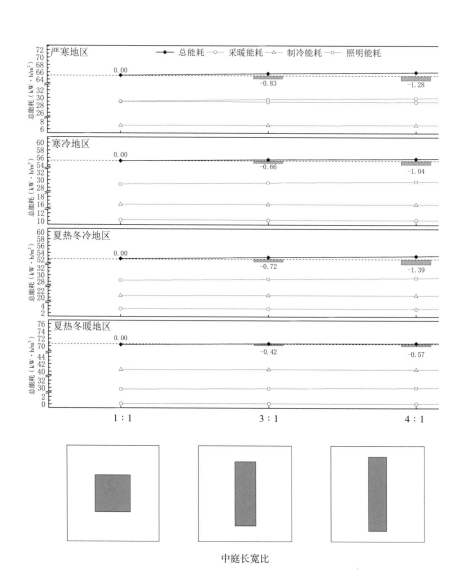

中庭长宽比

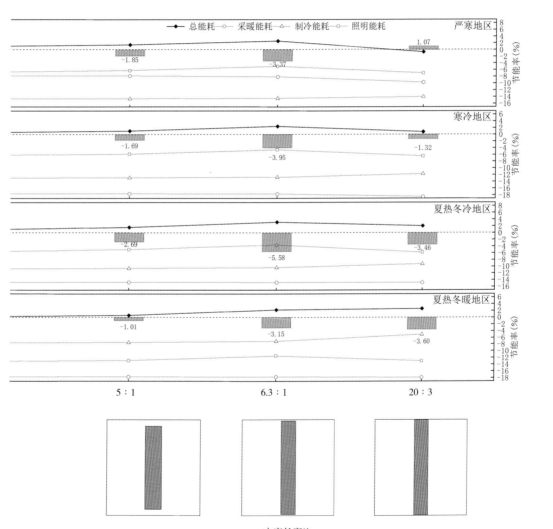

严寒地区

寒冷地区

夏热冬冷地区

夏热冬暖地区

◆─ 总能耗 ─○─ 采暖能耗 ─△─ 制冷能耗 ─□─ 照明能耗

节能率 (%)

5：1   6.3：1   20：3

中庭长宽比

（2）中庭剖面形状

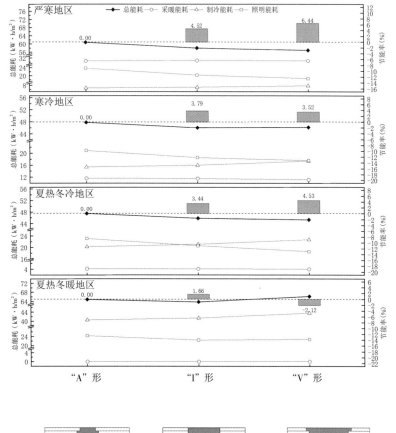

经模拟，能耗结果显示：

（1）在体量相同的前提下，剖面形状会对单位面积总能耗产生较为明显的影响。

（2）在严寒地区、寒冷地区和夏热冬冷地区，"V"形比"A"形更加节能，这主要是由于"V"形在严寒地区更有利于采光。

（3）在夏热冬暖地区，单位面积总能耗"A"形比"V"形更加节能，这主要是由于"A"形是有效的遮阳体态，较为明显的降低了制冷能耗导致的。

（4）在四个气候区"I"形均具有比较明显的节能效果，因为该体态既没有因为开窗面积过大而导致制冷能耗的增加，也没有因为开窗过小而对照明能耗产生明显损益，达到了较好的平衡。

由此得出中心式中庭空间节能优化建议：

（1）建议在严寒地区、寒冷地区和夏热冬冷地区中心式商业中庭剖面形状选择"V"形。

（2）夏热冬暖地区则可以考虑选择"A"形的中庭形态。

（3）各地区亦均可结合其他实际状况权衡判断设置"I"形中庭。

中庭剖面形状

3. 空间布局
（1）中庭平面布局

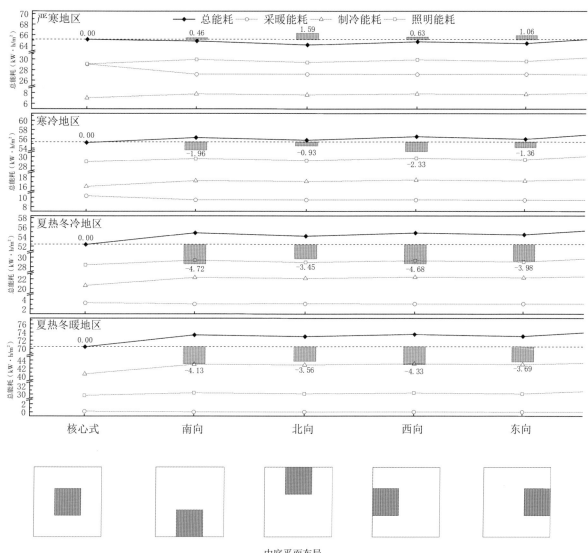

中庭平面布局

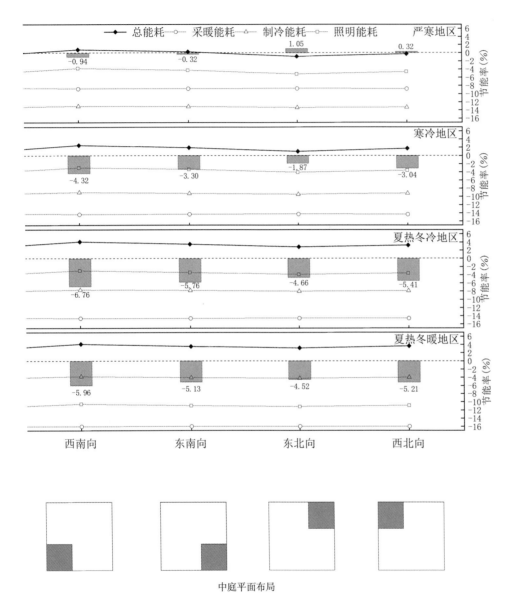

中庭平面布局

经模拟，能耗结果显示：

（1）在中庭面积一定的情况下，其位置分布对能耗有较为明显的影响。在严寒地区能耗变化总趋势是：单向中庭＜核心式中庭，这主要可能是由于边庭的置入在冬季强化了透明围护结构的温室效应，降低了采暖能耗，双向中庭根据其分布位置不同，节能情况略有不同，靠近北侧和东侧的节能效果明显主要是由于中庭放置在北侧弥补了照明不足的影响。

（2）在寒冷、夏热冬冷和夏热冬暖地区的能耗变化总趋势为：核心式＜单向中庭＜双向中庭。这主要是由于中庭布局的变化导致围护结构随之变化，从而造成了制冷能耗的增加。

由此得出中心式中庭空间节能优化建议：

（1）严寒地区适合设置边庭，其中单向中庭以北向中庭为最佳，双向中庭宜设置在东北侧。

（2）其他三个气候区宜设置核心式中庭，边庭设置均对节能不利。

当必须设置边庭时，单向中庭亦可考虑北向，双向中庭亦可优先考虑东北向。

（2）中庭剖面布局

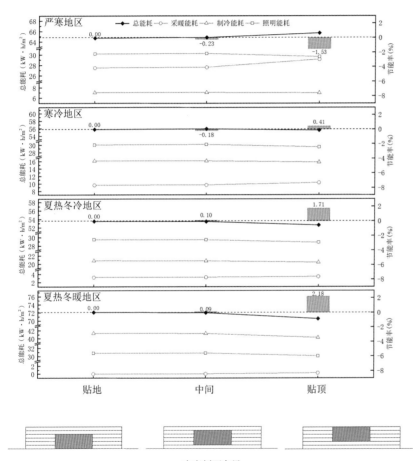

中庭剖面布局

经模拟，能耗结果显示：

（1）在严寒地区，中庭剖面位置贴地时单位面积总能耗最低，但当其移动到顶部引入天窗时，单位面积总能耗有明显上升，主要是由单位面积采暖能耗的显著增加引起的。

（2）在寒冷地区，中庭剖面位置变化时，单位面积总能耗变化不明显。中庭剖面位置贴顶时，采暖能耗的增加与照明能耗的减少补偿效应明显。

（3）在夏热冬冷和夏热冬暖地区，均为中庭位置在顶部时单位面积总能耗最小，这可能是由于天窗的引入使单位面积照明能耗降低，同时，由于售卖空间位于近地端，减少了夏季的制冷能耗，使得节能效果更加显著。

由此得出中心式中庭空间节能优化建议：

（1）在严寒地区应注意保温，将中庭置于建筑中间或者贴地放置，不宜将中庭贴顶放置。

（2）在寒冷地区，中庭的剖面布局具有较大自由。

（3）夏热冬冷和夏热冬暖地区建议将中庭贴顶设置，并加设天窗，减少照明及制冷能耗。

（二）街网式

1. 空间体量

（1）中庭面积占比

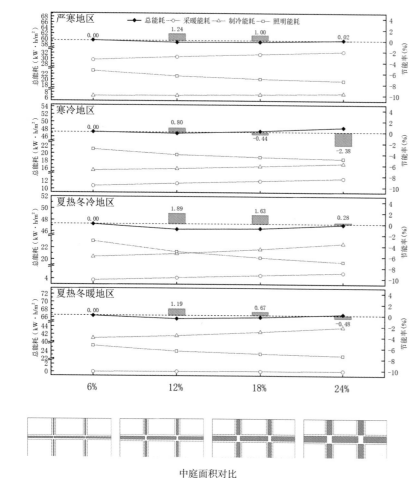

中庭面积对比

经模拟，能耗结果显示：

所研究的各气候区单位面积总能耗均随中庭面积占比的增大先降低后升高。这主要是由于照明能耗在中庭面积占比较大时下降减缓，而采暖能耗（严寒地区和寒冷地区）和制冷能耗（夏热冬冷地区和夏热冬暖地区）随中庭面积占比的增大而显著增加。

由此得出街网式中庭空间节能优化建议：

（1）在各气候区选择较小中庭，但需注意中庭面积不可过小，以防止照明能耗显著增加。

（2）严寒气候区中庭面积的过大能耗损益有限，因此中庭面积设计较其他气候区享有更多自由。

（3）寒冷、夏热冬冷、夏热冬暖气候区中庭面积过大时制冷能耗损益明显，均需严格控制中庭面积。尤其注意寒冷地区中庭面积不可过大。

（2）中庭通高层数

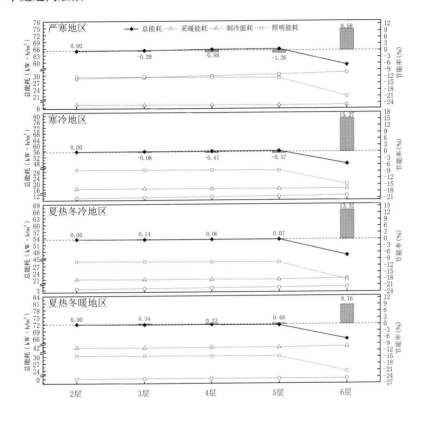

中庭通高层数

经模拟，能耗结果显示：

（1）在所研究的各气候区，街网式中庭在进行剖面体量变化时，通顶都会带来明显的节能效果，这主要是由于天窗的引入带来的照明能耗的急剧下降。在未通顶时，各气候区单位面积照明能耗会随着中庭通高层数的增加而稍有减小。

（2）在通顶的情况下，各气候区天窗的引入均减少了照明能耗。但是由于围护结构的改变，在北方地区，单位面积采暖能耗会由于天窗的引入而有所上升。而南方地区的能耗上升则主要体现在制冷能耗的增加。在未通顶时，各气候区单位面积采暖和制冷能耗变化并不明显。

由此得出街网式中庭空间节能优化建议：

（1）在设计街网式中庭时，考虑到各气候区采光中庭对单位照明能耗的明显减小，建议在设计街网式中庭时引入天窗。

（2）在中庭未通顶的情况下，各气候区对中庭通高层数的设计较为自由，尤其是夏热冬暖地区。但总体而言，其他地区仍不建议采用通高层数较多的中庭。

2. 空间体态

中庭主次街宽度比

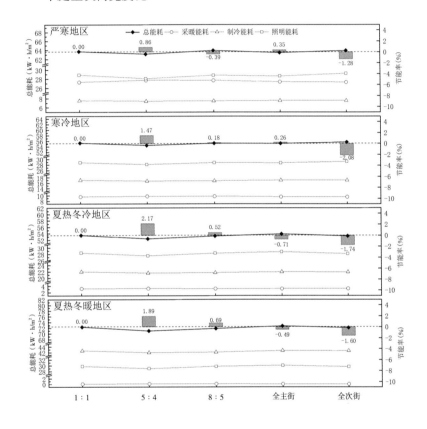

中庭主次街宽度比

经模拟，能耗结果显示：

（1）中庭主次街宽度比从1∶1变化为8∶5时，在所研究的四个气候区，主街宽度的适当增加对于照明有利，同时次街宽度过窄会使照明能耗增加。但在严寒地区，主次街宽度变化时，采暖能耗的增加可抵消照明能耗的降低，因此能耗变化并不明显；而在其他三个气候区，主街略宽于次街时，照明能耗显著下降，而采暖制冷能耗变化不明显，因此总能耗最低。

（2）针对全次街和全主街的情况，各气候区的采暖与制冷能耗变化均不明显，而严寒气候区和寒冷气候区全次街照明能耗显著高于全主街，夏热冬冷和夏热冬暖地区全主街照明能耗显著高于全次街，这可能是由于北方地区太阳高度角更低，主街照明效果增益更加明显导致的。

由此得出街网式中庭空间节能优化建议：

（1）严寒地区在设计街网式的中庭主次街宽度比时，相对具有较大设计自由，但不建议采用全次街式。

（2）寒冷地区、夏热冬冷地区及夏热冬暖地区，可适当选取略大于次街的主街宽度。

（3）夏热冬冷、夏热冬暖地区不建议采用全主街式，应注意次街的引入对于节能的增益效果，次街宽度可适当增加，但仍不建议采取全次街式。

3. 空间布局

(1) 中庭分支数量

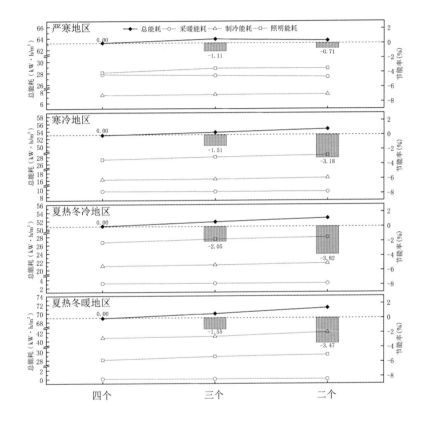

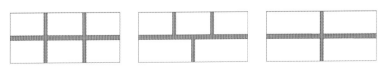

中庭分支数量

经模拟，能耗结果显示：

（1）在中庭面积一定的情况下，四个气候区单位面积照明能耗与总能耗均随中庭分支数量的减少而增加，照明能耗的增加可能是由于中庭分支数量减少使得售卖空间采光不均导致的。

（2）在严寒地区，中庭分支数量变化时，采暖能耗的增加可抵消照明能耗的降低，因此能耗变化并不明显。

（3）在其他三个气候区，照明和制冷能耗均随中庭数量的减少而增加，导致总能耗增加对节能较为不利。

由此得出街网式中庭空间节能优化建议：

（1）严寒地区街网式商业建筑在设计中庭分支数量时，有较大的自由。

（2）寒冷地区、夏热冬冷及夏热冬暖地区街网式商业建筑在设计中庭时，分支数量不可过少，且宜均匀分布。

（2）中庭剖面布局

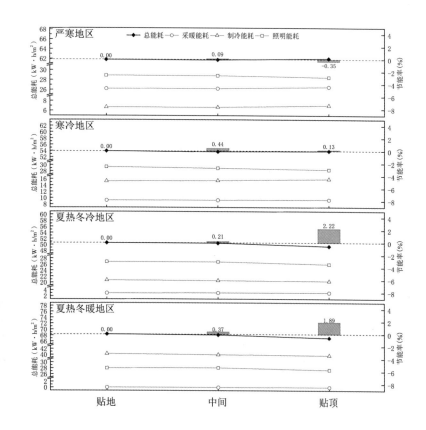

经模拟，能耗结果显示：

（1）在严寒地区，中庭剖面位置贴地和位于中间时单位面积总能耗较低，当其移动到顶部时，单位面积总能耗有微弱上升，这可能是因为中庭顶部热量散失而引起的单位面积采暖能耗的增加。

（2）在寒冷地区，中庭剖面位置的变化对于能耗的改变并不明显。

（3）在夏热冬冷和夏热冬暖地区，均为中庭位置在顶部时单位面积总能耗最小，这可能是由于天窗的引入使单位面积照明能耗降低，同时，由于售卖空间位于近地端，减少了夏季的制冷能耗，使得节能效果更加显著。

由此得出街网式中庭空间节能优化建议：

（1）严寒和寒冷地区设计时有较大自由，可综合造型设计、功能组合等因素，权衡利弊。

（2）夏热冬冷及夏热冬暖地区建议中庭贴顶设置，并设置天窗。

中庭剖面布局

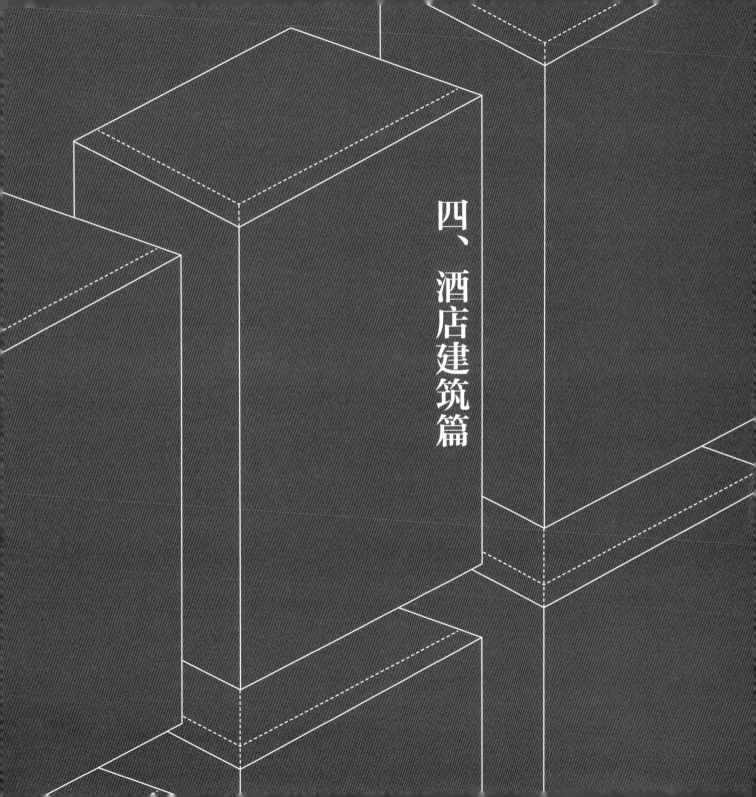

四、酒店建筑篇

1 绿色酒店建筑

1.1 概述

随着我国经济的快速发展，酒店建筑的建设需求与规模持续加大，尤其是高星级商务酒店数量的增长更为迅速，与此同时，使用者对酒店建筑功能与环境需求的提升也使其建筑能耗持续攀升。《绿色酒店经济发展与运行管理模式》一文中对多家五星级酒店的年能耗费用进行统计，得出酒店每年的平均能耗费用在150元/m^2左右，即一个建筑面积为10万m^2的酒店平均年能耗费用在1500万元左右[1]。虽然酒店建筑类型多样，但能耗主要集中在用电、供热、供水等方面，特别是大型酒店，每天运营的能源消耗费用占到酒店营业收入的15%以上，单位建筑面积的平均用电量是城市居民用电的10倍之多，人均日耗水量的5倍之多。所以绿色建筑设计研究对于酒店建筑刻不容缓。

业界对酒店建筑的强烈需求使得绿色酒店概念应运而生。绿色酒店通常是指那些既绿色环保，又能为旅客提供健康舒适环境的酒店建筑。从可持续发展的角度来讲，"绿色酒店"就是指酒店的发展必须建立在生态环境可承受的范围之内，通过节能、节电、节水等措施，合理利用自然资源，减少能源消耗，降低酒店建筑对周围环境产生的危害。目前，美国、澳大利亚、德国均通过绿色建筑技术应用指南专门介绍了绿色酒店建筑的相关技术；LEED也综合考虑了环境、水、能源、室内空气质量、材料和建筑场地等因素，这些都对酒店建筑的高性能表现起着关键性的作用。

在我国，中国酒店协会于2000年年底开始在全国范围内开展绿色酒店建筑的建设工程，于2001年年底开始组织有关专家对北欧、北美等国家的绿色酒店进行实地考察，并通过《中外酒店与餐饮》等渠道向我国酒店行业做了大量绿色酒店的宣传和普及工作。

2002年6月16日，中国绿色酒店审核员首期培训班在杭州金马酒店召开，标志着我国绿色酒店建筑建设工程的正式实施[2]。21世纪初期，受世界环保风潮的影响，我国也开始盛行绿色酒店概念，国家旅游局也发布了《绿色旅游饭店》行业标准，积极推进创建绿色酒店系列活动。但由于资金和技术限制，且大量中小型酒店依然缺乏绿色意识，当前绿色酒店的设计运行在我国的发展进程依旧较为缓慢，整个酒店行业大多还是基于传统设计与经营模式。

目前，绿色酒店建筑的设计技术仍然仅部分地体现于一些国家和行业的设计与评价标准中，如《旅馆建筑设计规范》JGJ 62—2014、《公共建筑节能设计标准》GB 50189—2015中均有酒店的绿色指标与节能设计要求。在有限的绿色酒店建筑相关标准指导下，业界普遍缺乏对绿色酒店建筑的设计与技术应用推广的系统了解，不利于绿色酒店建筑的设计实施与技术落地。

1.2 酒店建筑绿色设计相关问题

1.2.1 高大体量与复合功能加剧能耗增长

酒店建筑功能的日益增多与复合化导致其建筑体量持续攀升，大量高星商务酒店建筑的大堂、宴会厅等公共空间层高普遍超过5m或建筑面积大于1万m²，形成典型的高大空间。与此同时，大面积玻璃幕墙的使用，在满足人们对于酒店立面外观简洁现代的设计需求的同时，也随之显著增加了其夏季及冬季建筑能耗。

1.2.2 空间形态与组织的节能设计策略缺失

国内外对于酒店建筑典型高能耗、高大空间如中庭空间的相关研究多基于其既有设计的能耗与物理环境影响开展，而对其绿色与节能设计的既有研究则多围绕空间的界面材料与构造设计展开，而对其空间自身的形态设计，以及与其相关功能空间的协同组织优化等的研究明显不足。如针对夏季隔热需求，现有外围护结构的隔热设计未对室内高大空间如中庭空间的设计考虑。同样的，针对冬季保温需求，现有研究也集中于围护结构材料、门窗洞口材料与窗墙比控制等方面，涉及空间尺度比例、组织关系的研究较少。此外，高大空间的形态与相对分布、交通空间的处理、大小空间相对位置关系等是否符合所在气候特征也未有明确的策略建议。

总体而言，当前我国的绿色酒店建筑空间组织设计指引仍较为不足，建筑师在完成设计时缺乏直观的策略依据。

1.2.3 既有规范中空间形态相关绿色设计参数亟待细化

当前，我国酒店建筑专业设计领域的规范标准指引同样较为缺乏，大量绿色酒店设计实践依然基于通用的设计标准规范，如《公共建筑节能设计标准》GB 50189—2015、《绿色建筑评价标准》GB/T 50378—2019，以及传统的《旅馆建筑设计规范》JGJ 62—2014等。《旅馆建筑设计规范》JGJ 62—2014属于行业规范，是从适用、安全、卫生等基本要求的角度对旅馆建筑设计提出最低限要求，现行标准是对《旅馆建筑设计规范》JGJ 62—1990版的修订版本，《公共建筑节能设计标准》GB 50189—2015则是针对所有公建的通用绿色节能标准，并未为绿色酒店设计提出专门指导意见，《绿色建筑评价标准》GB/T 50378—2019是评价标准，同样未于设计实施层面对绿色酒店提出明确的要求。

随着我国经济的快速发展与社会的不断进步，对酒店建筑性能需求不断提升，既有标准规范的条文内容已无法适应当前酒店建筑设计质量的要求。仅在建筑设备章节内容中对设备系统提出相关定量要求，而对建筑设计等创作型设计条文内容更多局限于概念性指导，显著缺乏针对气候分区等地域化气候条件的定量化设计参数指引，以保障其绿色建筑设计实施效果。绿色酒店的形象与本质存在巨大偏差，对外在形象的呈现多于其内在绿色性能的追求，对管理和服务的重视多于对前期科学策划与设计的追求。当前大部分酒店的硬件和软件设施固然很好，但是其前期专业的策划创作设计、绿色性能内涵实效的保障却长期被边缘化[3]。

总体而言，既有规范中酒店建筑的相关绿色设计策略及参数亟待细化。

1.3 酒店建筑绿色设计策略与方法

绿色酒店建筑设计的策略与方法集中体现于外部形体、围护结构性能、自然采光通风利用、总体空间形式设计、功能空间组织与典型关键节能空间形态设计等设计内容之中。

1.3.1 外部形体优化

在绿色酒店建筑外部形体设计中，要求将其体形系数依据气候条件控制在合理范围内。酒店建筑常因为具有鲜明的外部表现特点，提倡形式的自由化和风格的多样化，所以往往追求标新立异的形体。但复杂的形体易增加建筑外露面积，使体形系数增大。有研究显示，为有效的控制建筑节能增量成本，在方案阶段，夏热冬冷地区低层建筑的体型系数不宜大于0.55，多层建筑的体型系数不宜大于0.5，高层建筑的体型系数不宜大于0.4[4]。同理严寒和寒冷气候区酒店的体形系数不宜过大，即建筑物表面应尽量平直规整，避免出现过多的凹凸，平面设计上应避免狭长，以保证其有限的传热耗热量，从而节约建筑物供暖能耗。

1.3.2 围护结构性能优化

首先，建筑材料的选择要因地制宜，结合实际情况控制其传热系数等基础热工性能水平满足规范要求。酒店建筑中的自然通风的房间，外围护结构应当满足《民用建筑热工设计规范》GB 50176—2016中的隔热控制指标，即外围护结构内表面最高温度应不大于夏季室外计算温度最高值。

其次，各气候区的外围护结构设计需结合当地气候特点，完善相应的针对性设计。针对严寒与寒冷气候区绿色酒店建筑冬季保温，需重视建筑的保温构造及无热桥设计以进一步提升其保温节能设计效果。就夏热冬冷、夏热冬暖气候区多雨季节酒店建筑的防潮与节能而言，合理布置材料层的相对位置，合理设置隔气层、通风间层或泄气沟道等，以避免夏季酒店内部结露所产生的危害。而考虑夏热冬暖气候区酒店建筑夏季防热节能，建筑外表面应采用浅色平滑的粉刷和饰面材料，及对太阳短波辐射吸收率小而长波辐射发射率大的材料建造，以保证其"少得热、多散热"的建筑降温需求。

再次，针对透明围护结构的应用，在严寒与寒冷地区可着重提高其气密性以减少冷风渗透，并提高玻璃、窗框的保温性能，综合改善玻璃的保温能力。而在夏热冬冷与夏热冬暖地区，可考虑适当控制窗墙面积比，采用双层或多层玻璃以提高综合隔热性能。

同时，应设置符合当地需求的遮阳措施。遮阳形式的选择应从地区气候特点和朝向考虑。严寒和冬季较长的地区宜采用竹帘、软百叶等临时性轻便遮阳，寒冷、夏热冬冷和冬夏时间长短相近的地区宜采用可拆卸的活动式遮阳，而夏热冬暖地区一般宜采用固定的遮阳设施。在屋顶或墙面的外侧设置遮阳设施，可有效地降低室外综合温度，同时遮挡透进室内的直射阳光，避免产生眩光。

此外，绿化植入是缓解气候矛盾的有效手段，既可以使酒店建筑体量适宜的融入自然，又可以创造鲜明的酒店外环境。酒店的绿化主要分为总体绿化、立面绿化、客房阳台绿化、屋顶绿化四种方式，其中屋顶绿化是值得推广的方式，不仅能够创造景观环境和公共空间，又兼具蓄水的功能，在阳光辐射较强的地区通过水分的蒸发可以减缓建筑表面围护结构的温度变化，有助于创造舒适的室内环境[3]。同时，绿色酒店建筑的外表面可考虑应用垂直绿化，利用植物的蒸腾与光合作用，吸收太阳的辐射热达到隔热降温的目的。

1.3.3 有效利用自然采光与通风

酒店建筑的自然采光方式通常包括侧窗采光和天窗采光，以及近年来涌现的如导光管、采光隔板、导光棱镜等自然采光新技术。其标准层常开矩形侧窗，为了提升自然采光以减少照明能耗，应尽量缩小窗间墙的宽度，并尽量减少梁和柱对室内采光的影响。当酒店建筑中的某些房间采用天窗采光时，应在天窗下安装扩散材料，以避免阳光直射到室内而产生的眩光。

酒店建筑中的自然通风主要是依靠建筑物开口处的空气压力差所产生的空气流动，包括室外风力造成的室内外风压差和室内外空气温度差造成的热压差。自然通风可以保证酒店室内获得新鲜空气，带走室内多余的热量，又可节约能耗，是一种经济有效的通风方法。

1.3.4 总体空间形式与功能空间组织设计策略

酒店建筑的总体空间形式设计对节能具有很大的影响。建筑师在处理酒店建筑的体形与平面设计时不能片面追求体形的艺术造型需求与外观的标新立异，致使建筑外表面积过大，凹凸曲折过多，而应首先结合所在气候区考虑建筑物的功能要求、空间布局以及交通流线等，必须正确处理形态、空间组织与绿色性能的关系。

如湿热气候区气候湿度大，雨量大，故其平面设计上宜开敞通透，可考虑内天井或庭院布置实现较好的散热与通风效果。而干热气候区气候干燥、湿度小，且伴有风沙天气，故其平面外宜相对封闭，建筑形式严密厚重，开窗以小窗为主，大进深伴以外闭内敞的设计，防热的同时亦可抵御风沙的袭击。

酒店建筑的平面组织设计也要因地制宜，依据气候条件合理选择平面形式。如在夏热冬冷和夏热冬暖气候区，酒店的主要功能空间如客房、大厅应布置在夏季主导风向所对应的方位，而辅助房间如仓库应布置在风向较差的一侧上，另外还可利用天井、楼梯间等增加酒店建筑内部开口的面积，并利用这些开口引导气流，组织自然通风，同时建筑物开口位置的布置应使室内流场分布均匀。酒店建筑功能空间组织的合理设计有助于功能空间自然采光与自然通风的高效利用，降低设备系统的运行能耗，从而提高建筑的总体绿色性能表现。

1.3.5　典型关键单一空间形态设计

（1）中庭空间：研究显示，对于侧向采光中庭，平面面积一定的情况下，减少面宽、增加进深有利于绿色节能，而由于大进深可能引发天然采光不足的问题，设计中可宜将进深开间比例控制在1：1以内，以兼顾得热及采光需求。在空间高度较大时，应注意使用遮阳措施以降低制冷能耗。设计时，一方面应尽量控制中庭高度，特别是西向中庭，另一方面，当中庭高度较大时，宜优选南向采光和顶面采光。

顶面采光中庭在平面设计时可较为灵活。由于酒店高大中庭由客房围合而成，中庭平面比例的变化会引发各朝向客房数量的差异，因此酒店高大中庭的平面设计应以客房节能为优先考虑。同时应尽量控制中庭高度，避免大而无当的空间设计。尤其针对高大中庭，由于其高度受酒店塔楼高度限制，在客房数一定的情况下，可通过增加每层客房数量或降低顶界面高度来降低中庭高度，从而降低能耗[5]。

（2）而针对其他典型关键绿色节能空间，如大堂空间、餐饮空间、大型会议空间、交通空间等的绿色节能设计经验目前仍较为不足。

1.3.6　总结

总体而言，绿色酒店建筑设计仅集中关注建筑形体优化，围护结构性能的提升已无法满足新时期下绿色建筑设计的需求，需要进一步关注建筑空间形态与绿色性能之间的定量关系。尤其针对典型关键绿色潜力空间的空间组织设计、单一空间形态等与能耗的关系亟待揭示。因此，在方案设计初期如何通过优化酒店建筑空间形态手段来提升其绿色性能，是现阶段气候适应型酒店建筑设计研究的重点。

1.4　现有规范中的酒店建筑空间设计指标

《旅馆建筑设计规范》JGJ 62—2014中，为使酒店建筑设计满足安全卫生、适用经济、绿色环保等基本要求，针对酒店建筑的建筑设计、防火疏散、室内环境和建筑设备提出了相应规定。

针对酒店建筑的总体空间形式现有规范尚未做出相应规定。

针对酒店建筑功能空间组织亦无明确规定。酒店建筑的功能多样，组织形式更为繁多，不同的组织形式造成一定的性能差异，能耗均不相同，现有规范仅针对各功能区自身做出相应节能规定，并未考虑不同功能空间组织对建筑综合能耗的影响。

　　酒店建筑内部单一空间的形态设计尚无相应规范进行明确规定。目前规范仅针对建筑中庭等空间做出了绿色节能规定，未考虑空间体量、体态、布局等与绿色性能的关系。

　　表4-1将现有规范中涉及酒店建筑设计的空间设计指标进行了梳理和归纳。

酒店建筑设计的空间设计指标

表4-1

分类	类别	条文	出处
空间设计要求	体形及朝向	7.1.1 应结合场地自然条件和建筑功能需求，对建筑的体形、平面布局、空间尺度、围护结构等进行节能设计，且应符合国家有关节能设计的要求	《绿色建筑评价标准》GB/T 50378—2019
		3.1.5 建筑体形宜规整紧凑，避免过多的凹凸变化	《公共建筑节能设计标准》GB 50189—2015
		6.1.2 根据所在地区地理与气候条件，建筑宜采用最佳朝向或适宜朝向。当建筑处于不利朝向时，宜采取补偿措施	《民用建筑绿色设计规范》JGJ/T 229—2010
		6.1.3 建筑形体设计应根据周围环境、场地条件和建筑布局，综合考虑场地内外建筑日照、自然通风与噪声等因素，确定适宜的形体	
	空间	3.1.2 旅馆建筑的选址应符合下列规定： 1. 应选择工程地质及水文地质条件有利、排水通畅、有日照条件且采光通风较好、环境良好的地段，并应避开可能发生地质灾害的地段； 2. 不应在有害气体和烟尘影响的区域内，且应远离污染源和储存易燃、易爆物的场所； 3. 宜选择交通便利、附近的公共服务和基础设施较完备的地段	《旅馆建筑设计规范》JGJ 62—2014
		3.2.1 旅馆建筑的基地应至少有一面直接临接城市道路或公路，或应设道路与城市道路或公路相连接。位于特殊地理环境中的旅馆建筑，应设置水路或航路等其他交通方式	
		3.2.4 旅馆建筑基地的用地大小应符合国家和地方政府的相关规定，应能与旅馆建筑的类型、客房间数及相关活动需求相匹配	
		3.3.1 旅馆建筑总平面应根据当地气候条件、地理特征等进行布置。建筑布局应有利于冬季日照和避风，夏季减少得热和充分利用自然通风	
		3.3.5 旅馆建筑的交通应合理组织，保证流线清晰，避免人流、货流、车流相互干扰，并应满足消防疏散要求	

续表

分类	类别	条文	出处
空间设计要求	空间	3.3.10 旅馆建筑总平面布置应合理安排各种管道，做好管道综合，并应便于维护和检修	《旅馆建筑设计规范》JGJ 62—2014
		5.1.1 旅馆建筑室内应充分利用自然光，客房宜有直接采光，走道、楼梯间、公共卫生间宜有自然采光和自然通风	
		3.1.4 建筑设计应遵循被动节能措施优先的原则，充分利用天然采光、自然通风，结合围护结构保温隔热和遮阳措施，降低建筑的用能需求	《公共建筑节能设计标准》GB 50189—2015
		4.2.6 严寒地区建筑出入口应设门斗或热风幕等避风设施，寒冷地区建筑出入口宜设门斗或热风幕等避风设施	《民用建筑热工设计规范》GB 50176—2016
		4.2.14 日照充足地区宜在建筑南向设置阳光间，阳光间与房间之间的围护结构应具有一定的保温能力	
		5.1.2 场地规划与设计应通过协调场地开发强度和场地资源，满足场地和建筑的绿色目标与可持续运营的要求	《民用建筑绿色设计规范》JGJ/T 229—2010
		5.1.4 场地规划应考虑室外环境的质量，优化建筑布局并进行场地环境生态补偿	
		6.1.1 建筑设计应按照被动措施优先的原则，优化建筑形体和内部空间布局，充分利用天然采光、自然通风，采用围护结构保温、隔热、遮阳等措施，降低建筑的采暖、空调和照明系统的负荷，提高室内舒适度	
		6.4.6 可采取下列措施加强地下空间的自然通风：1. 设计可直接通风的半地下室；2. 地下室局部设置下沉式庭院；3. 地下室设置通风井、窗井	

1.5 酒店建筑空间形态绿色设计研究框架

　　针对当前我国酒店建筑设计存在的问题和绿色设计亟须的相应设计策略与方法，本图解酒店建筑篇针对酒店建筑的空间形态绿色设计中总体空间形式设计、功能空间组织设计、典型关键空间——大堂空间形态设计各设计内容，通过典型原型抽取、性能模拟分析、策略归纳总结，以图示化形式初步探索形成了酒店建筑适应我国不同典型气候条件的相应空间模式。

　　酒店建筑模拟分析计算过程、选用的性能仿真模拟工具，以及使用的能耗、光、热各项评价指标均与办公建筑相同。

　　研究同样按照"酒店建筑原型界定—空间形态设计因素分析—性能模拟实验—绿色性能验证分析—归纳结论与策略"的逻辑展开。首先，通过理论分析和模拟建立典型酒店建筑空间形态原型，对围护结构实体、开口、构件、运行时间、人员发热量、新陈代谢水平、服装热阻和其他设备进行统一的参数设置。其次，针对各设计内容关键空间形态设计变量开展对照数值模拟计算及对比验证分析。最后，通过理论分析比较，总结得出其总体空间形式设计、功能空间组织设计、典型关键空间形态设计相应的适宜性设计策略，研究的具体框架如图4-1所示。

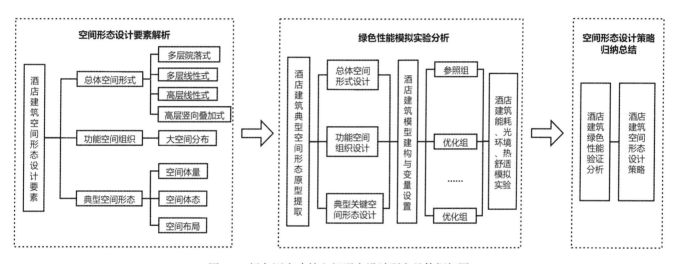

图4-1 绿色酒店建筑空间形态设计研究具体框架图

参考文献

[1] 高兴. 绿色酒店经济发展与运行管理模式[M]. 北京：中国建筑工业出版社，2009.

[2] 杨洋. 论我国绿色酒店的发展[D]. 武汉：中南财经政法大学，2013.

[3] 刘吉源. 基于CRS建筑策划模式的绿色酒店设计策略研究[D]. 长春：吉林建筑大学，2019.

[4] 莫天柱，宋竹. 夏热冬冷地区规划方案阶段控制体型系数的研究[J]. 建筑节能，2010，4（38）：4-7.

[5] 王南珏. 寒冷地区酒店中庭空间要素对物理环境及能耗的影响研究[D]. 天津：天津大学，2016.

2　酒店建筑绿色空间模式

2.1　酒店建筑总体空间形式绿色设计

2.1.1　调研与整理

酒店建筑的总体空间形式提取，选取了我国严寒、寒冷、夏热冬冷、夏热冬暖四个典型气候区中11个代表城市的31个典型酒店建筑。通过对调研案例总体空间形式进行整理归纳，发现四种最主要的总体空间形式类型。其他酒店建筑的总体空间形式常以这四种模式为基础，进行组合布局。因此，将酒店建筑归纳为高层线性、高层竖向叠加、多层线性、多层庭院四种总体空间形式。

通过对不同气候区综合酒店建筑的建筑规模、旅馆等级、面积组成、高大空间体积比等参数进行汇总。发现酒店建筑的面积分布区间较大，从1800万～20余万m²均有涉及，其中寒冷地区高层酒店建筑面积在2万～6万m²这个区间的酒店建筑较多，夏热冬冷、夏热冬暖地区院落式酒店建筑面积在1万～4万m²这个区间较多，且在此区间内四种空间形式均有涉及，因此选取2.4万m²作为本研究酒店建筑的代表面积，并基于此数值进行了相关的建模设计。

为完成酒店建筑的系列性能模拟，同样需对构建模型与边界条件进行相关设置，其中模型的围护结构参数同样依照《公共建筑节能设计标准》GB 50189—2015中规定的热工参数作为模拟中的默认参量进行了设置。在总体空间形式模拟中，基于案例调研，选择典型立面窗墙比为0.3。在功能空间组合及典型单一空间模拟中，均采用相同数据，具体参数设置如表4-2所示。

针对能耗模拟，同样选择人工冷热源工况进行能耗模拟。并基于全楼典型功能空间类型及比例，选取或折算代表性功能空间的照明、设备功率密度、人员密度、散热量、新风量，运行时间，冬夏季房间设定温度等，用以统一设置总体空间形式模型相应参数。

针对光环境、热舒适模拟，同样仅选择代表性典型标准层进行模拟分析。在进行光环境模拟设置时，按照《建筑采光设计标准》GB 50033—2013，依据不同热工气候分区代表性城市对应的光气候区、光气候系数K值计算确定其不同的采光系数标准值，同时依据《民用建筑绿色性能计算标准》JGJ/T 449—2018等要求，选取0.75m为计算平面高度，1m×1m为计算测点网格精度。在进行热舒适模拟设置时，同样选择代表性典型标准层进行模拟分析，选择自然通风即非人工冷热源状况下2次/h自然通风换气水平开展逐时模拟。通过统计全年运行时间中舒适小时数占比评价其热舒适水平。新陈代谢水平依据《民用建筑室内热湿环境评价标准》GB/T 50785—2012规定各类活动标准值，基于全楼典型功能空间类型及比例，考虑高层式与多层式酒店功能比例区分，按男女平均折算，确定高层式酒店为120W/人，多层式酒店为180W/人，服装热阻同样依据相同标准中代表性服装热阻表中的典型全套服装热阻，与办公建筑章节表2-2相同设置。

围护结构参数设置   表4-2

部位	构造层次	热工性能
外墙	水泥砂浆20mm 聚苯乙烯泡沫板80mm 混凝土砌块100mm 石膏抹面15mm	传热系数为0.362W/（m²·k）
内墙	石膏板25mm 空气间层100mm 石膏板25mm	传热系数为1.639W/（m²·k）
玻璃 隔断	普通玻璃3mm 空气间层6mm 普通玻璃3mm 空气间层6mm 普通玻璃3mm	传热系数为2.178W/（m²·k）
外窗	双层Low-E玻璃	传热系数为1.786W/（m²·k）
屋面	水泥砂浆20mm 沥青10mm 泡沫塑料150mm 混凝土铸件100mm 石膏抹面20mm	传热系数为0.237W/（m²·k）

2.1.2 原型与分析

基于前期案例搜集整理，将酒店建筑总体空间形式分为：高层线性、高层竖向叠加、多层线性、多层庭院四种类型。

上海世博洲际酒店

高层线性式

　建筑高度在24m以上的高层建筑，客房呈线性延展布置。

　模拟控制信息：建筑外部形体、朝向、总建筑面积、层数、层高、建筑总体功能。

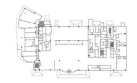

阜阳万达嘉华酒店

高层竖向叠加式

　建筑高度在24m以上的高层建筑，且客房围绕中央核心筒布置。

　模拟控制信息：建筑外部形体、朝向、总建筑面积、层数、层高、建筑总体功能。

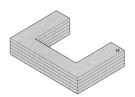

上海水舍

多层线性式

　建筑高度在24m以下的多层建筑，客房呈线性延展布置。

　模拟控制信息：建筑外部形体、朝向、总建筑面积、层数、层高、建筑总体功能。

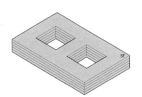

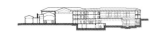

苏州市东山宾馆

多层庭院式

　建筑高度在24m以下的多层建筑，且围合多个封闭庭院布置。

　模拟控制信息：建筑外部形体、朝向、总建筑面积、层数、层高、建筑总体功能。

2.1.3　模拟与结论

　　选取四个气候区的典型城市（严寒地区选择哈尔滨、寒冷地区选择北京、夏热冬冷地区选择上海、夏热冬暖地区选择广州），模拟得到各总体空间形式在各个气候区的能耗情况进行比较。

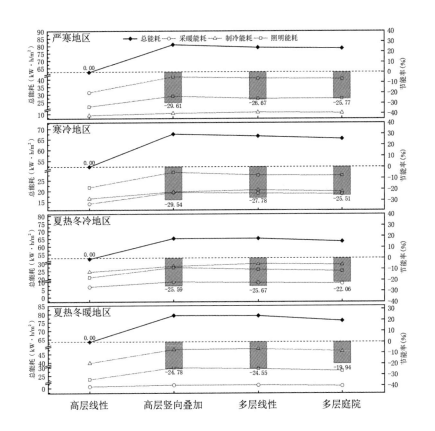

　　经模拟，能耗结果显示：

　　（1）在各气候区，均为高层线性式单位面积总能耗最低，其次是多层庭院式。在寒冷、夏热冬冷和夏热冬暖气候区，高层竖向叠加与多层线性的单位面积总能耗差异基本一致。

　　（2）在高层建筑的能耗模拟中，高层线性式的各分项能耗和总能耗都低于高层竖向叠加式。在多层建筑的能耗模拟中，多层庭院式的各分项能耗和总能耗都低于多层线性式。

　　由此得出酒店建筑总体空间形式节能优化建议：

　　（1）建议在高层酒店设计中，多采用线性式。在多层酒店设计中，多采用庭院式总体空间形式。

　　（2）建议在不同气候区，结合当地环境气候特点，考虑采光、经济等多因素的影响选择合理的形式。

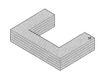

总体空间形式

2.1.4　光环境模拟与结论

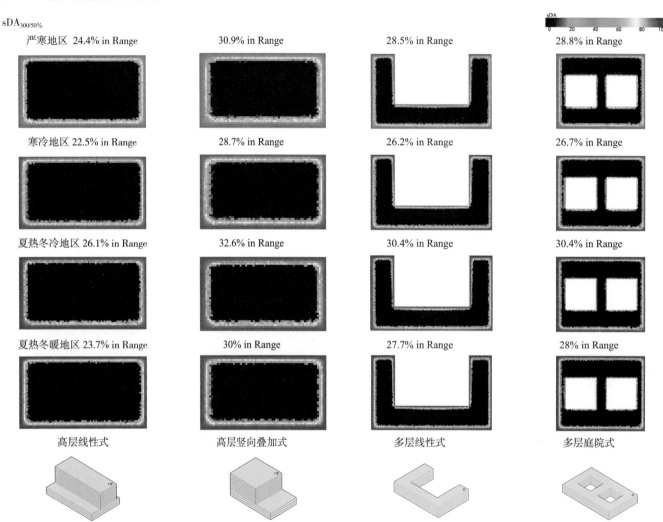

sDA$_{300/50\%}$

严寒地区 24.4% in Range	30.9% in Range	28.5% in Range	28.8% in Range
寒冷地区 22.5% in Range	28.7% in Range	26.2% in Range	26.7% in Range
夏热冬冷地区 26.1% in Range	32.6% in Range	30.4% in Range	30.4% in Range
夏热冬暖地区 23.7% in Range	30% in Range	27.7% in Range	28% in Range

高层线性式　　　　　高层竖向叠加式　　　　　多层线性式　　　　　多层庭院式

总体空间形式

模拟结果显示：

在四个气候区中，光照强度状况差异总体相似，都表现为高层竖向叠加式总体采光最强，多层线性式和多层庭院式其次，高层线性式相对不足。严寒和夏热冬冷地区相对采光水平更高，且光强较高区域的进深更深，这可能与代表城市太阳高度角和日照时数相关。

由此得出酒店建筑总体空间形式采光优化建议：

在各气候区，设计高层酒店均可考虑选用高层竖向叠加式获得较好的采光水平，且应谨慎选用高层线性式；针对多层酒店具有较大设计自由。

$UDI_{100lx < E < 2000lx}$

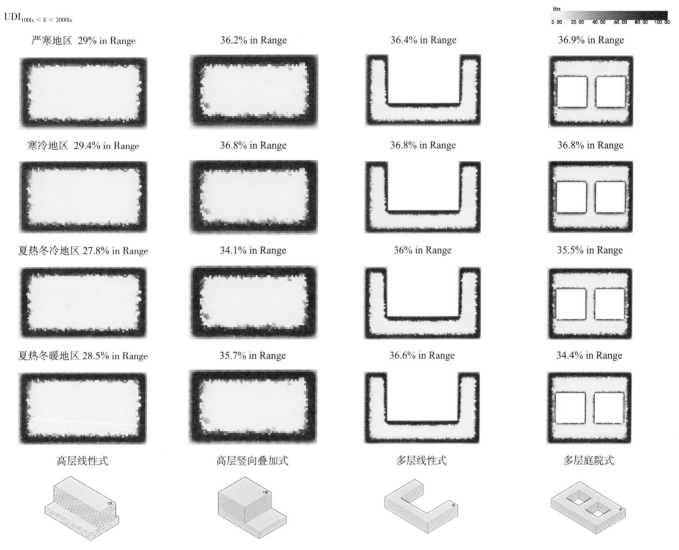

严寒地区 29% in Range	36.2% in Range	36.4% in Range	36.9% in Range
寒冷地区 29.4% in Range	36.8% in Range	36.8% in Range	36.8% in Range
夏热冬冷地区 27.8% in Range	34.1% in Range	36% in Range	35.5% in Range
夏热冬暖地区 28.5% in Range	35.7% in Range	36.6% in Range	34.4% in Range

高层线性式　　　　　高层竖向叠加式　　　　　多层线性式　　　　　多层庭院式

总体空间形式

模拟结果显示：

在四个气候区中，光照质量状况差异总体相似，都表现为高层竖向叠加式、多层线性式和多层庭院式总体质量较好，高层线性式采光质量相对有限。严寒和寒冷地区内部功能空间区域采光质量达标比例更高，这应同样与代表城市太阳高度角和日照时数相关。

由此得出酒店建筑总体空间形式的采光优化建议：

在各气候区均需谨慎选用高层线性式，而针对其他总体空间形式选择有较大自由。

2.1.5　热舒适模拟与结论

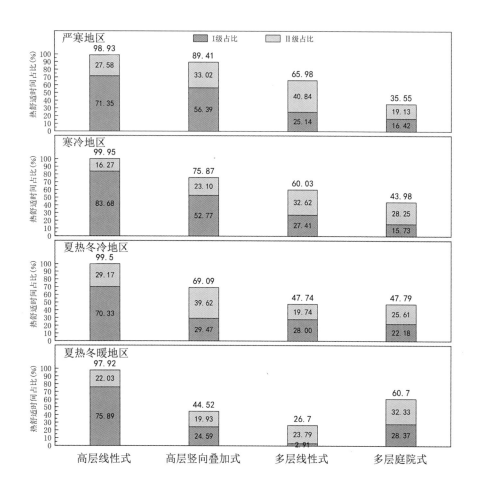

模拟结果显示：

（1）针对高层酒店，高层线性式热舒适状况普遍优于高层竖向叠加式。

（2）针对多层酒店，严寒寒冷地区，多层线性式热舒适状况优于多层庭院式；在夏热冬冷地区，两者间没有显著差异；而在夏热冬暖地区，多层庭院式热舒适状况显著优于多层线性式。

由此得出酒店建筑的热舒适优化建议：

（1）在各气候区，设计高层酒店均可考虑选用高层线性式。

（2）设计多层酒店，在严寒、寒冷地区宜选用多层线性式；在夏热冬暖地区，宜选用多层庭院式；而在夏热冬冷地区，则享有较大设计自由。

总体空间形式

2.2 酒店建筑功能空间组织绿色设计

2.2.1 调研与整理

在总体空间形式模拟结果的基础上，综合考虑性能优化以及应用前景，选取高层线性式、多层庭院式总体空间形式，进行进一步的功能空间组织及单一空间设计研究。

基于第一步的案例调研，总结酒店建筑普遍的功能、流线、结构要求，合理排布相对固定与灵活的空间位置，罗列出各功能空间组织选项。目前，现有的酒店功能模式大致可分为前台部分和后台部分。前台部分主要是指为宾客提供直接服务、供其使用和活动的区域，包括酒店大堂、大堂吧、前台接待、休息区域、餐饮、会议商务、客房等。后台部分是为前台和整个酒店正常工作提供保障的部分，包括办公、后勤、工程设备等。依据《民用建筑绿色性能计算标准》JGJ/T 449—2018确定酒店建筑功能为：门厅、茶室休息、客房、办公、会议、餐厅、厨房、交通辅助、走廊、自助餐厅、健身房、包间、大会议。

构建模型与边界条件的相关设置主要依循第一步总体空间形式的设置方式，如围护结构、典型窗墙比等。针对空间组织中更为细分多样化的功能空间，依照规范赋予了不同区域对应的参数，具体参数设置如表4-3所示。

酒店建筑房间分区参数 表4-3

分区名称	照明功率密度（W/m²）	设备功率密度（W/m²）	人员密度（m²/人）	人员散热量（W/人）	新风量[m³/(h·人)]	房间夏季设定温度（℃）	房间冬季设定温度（℃）	房间照度（lx）	参考平面及高度(m)
门厅	11	15	50	134	20	28	18	200	地面
茶室休息	11	15	10	108	10	26	18	200	地面
客房	7	15	30	108	30	25	22	150	0.75m水平面
办公	9	15	6	134	30	26	20	200	0.75m水平面
会议	9	15	2.5	134	14	26	18	300	0.75m水平面
餐厅	10	15	2.5	235	30	26	20	200	0.75m水平面
厨房	9	15	5	235	28	27	18	500*	台面
交通辅助	5	15	50	—	—	—	—	50	地面
走廊	5	15	50	134	—	26	18	50	地面
自助餐厅	10	15	2.5	235	30	26	20	300	0.75m水平面

分区名称	照明功率密度（W/m²）	设备功率密度（W/m²）	人员密度（m²/人）	人员散热量（W/人）	新风量[m³/(h·人)]	房间夏季设定温度（℃）	房间冬季设定温度（℃）	房间照度（lx）	参考平面及高度（m）
健身房	9	15	1	407	40	24	19	200	0.75m水平面
包间	10	15	2.5	235	30	26	20	150	0.75m水平面
大会议	9	15	2.5	134	14	26	18	300	0.75m水平面

* 指混合照明照度。

　　考虑酒店各典型模型主要功能组织变化集中于低层裙楼，本节的能耗、光环境、热舒适模拟研究仅选择低层裙楼部分进行模拟验证分析。其中，能耗模拟验证为裙楼整体数据分析比较。

　　针对光环境模拟设置，选择1、2层分别进行动态采光模拟分析，采光系数标准值、计算平面高度、计算测点网格精度等的确定均与第一步总体空间形式的设置保持一致。针对能耗与热舒适模拟设置，冷热源工况、暖通空调设备COP、自然通风工况时换气次数要求、人员服装热阻的设置同样与之保持一致，1、2层因不同组织模式中存在层间功能置换，将1、2层整体形成热舒适结果综合评价比较。热舒适逐时模拟时依据《民用建筑室内热湿环境评价标准》GB/T 50785—2012，为不同功能空间设置了相应不同的新陈代谢水平如表4-4所示。

酒店建筑各功能空间人员新陈代谢水平　　　　　　　　　　　　　　　　　　　　表4-4

分区名称	活动类型	Met（1Met=58.15W/m²）	W/人
楼电梯	①平地步行 3km/h；②立姿，放松	1.9	183.96
走廊	平地步行 4km/h	2.8	271.10
辅助	①平地步行 3km/h；②立姿，放松	1.9	183.96
会议	坐姿活动（办公室、居住建筑、学校、实验室）	1.2	116.18
餐饮	坐姿，放松	1	96.82
茶室休息	坐姿，放松	1	96.82
办公	坐姿活动（办公室、居住建筑、学校、实验室）	1.2	116.18
客房	斜倚	0.8	77.46

续表

分区名称	活动类型	Met （1Met=58.15W/m²）	W/人
宴会厅	坐姿，放松	1	96.82
厨房	立姿，中度活动（商店售货、家务劳动、机械工作）	2	193.64
阅览	坐姿活动（办公室、居住建筑、学校、实验室）	1.2	116.18
门厅	①平地步行 3km/h； ②立姿，放松；	2.1	203.32

2.2.2 原型与分析

在各气候区，高层式酒店基本模型以北京地区板式高层中等规模边角式与嵌入式大堂尺度为例，因模型需要尽可能简化，故建筑功能仅包含餐饮、大堂、会议、办公、客房。

在各气候区，通过对庭院式酒店建筑案例的调研与比较研究，归纳总结出大堂和宴会厅是大空间，餐厅和大会议室是单层的大空间，而办公室、会议和客房是小的单层空间，在此基础上进行功能空间组织布局。根据现有的标准和规范，对模型的参数设置进行适当的修改，同时选择适当的围护墙的材料、窗墙比、屋顶的材料，并合理选择设置窗口。

（一）高层线性式

大空间分布

上海世博洲际酒店

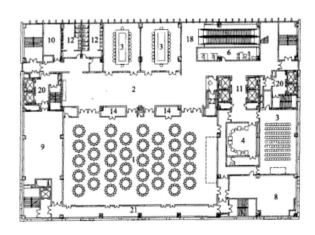

宁波万达索菲特大酒店

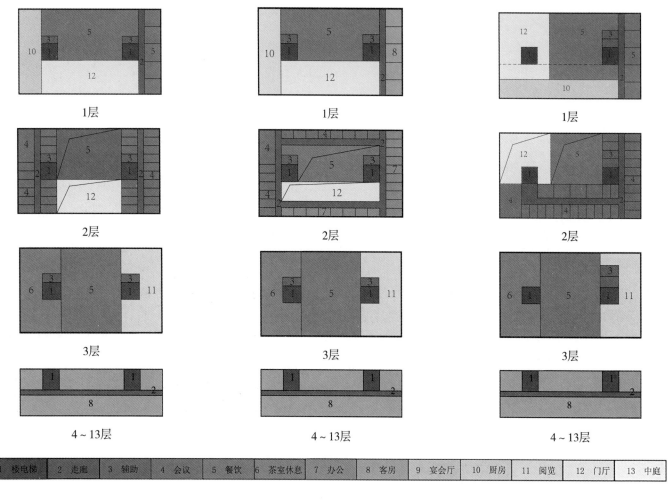

1 楼电梯	2 走廊	3 辅助	4 会议	5 餐饮	6 茶室休息	7 办公	8 客房	9 宴会厅	10 厨房	11 阅览	12 门厅	13 中庭

南北贯通

此组是典型的高层式酒店建筑功能组织模式，由底层裙房和高层客房组成，将餐饮和门厅组成的大空间南北贯通置于平面正中。

围合内置

此组是典型的高层式酒店建筑功能组织模式，由底层裙房和高层客房组成，将餐饮和门厅组成的大空间置于平面中间。

西北并置

此组是典型的高层式酒店建筑功能组织模式，由底层裙房和高层客房组成，将餐饮和门厅组成的大空间置于平面西北角。

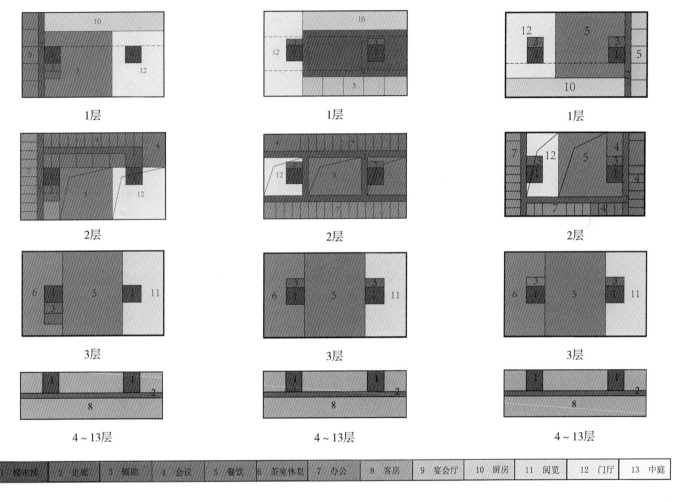

| 1 楼电梯 | 2 走廊 | 3 辅助 | 4 会议 | 5 餐饮 | 6 茶室休息 | 7 办公 | 8 客房 | 9 宴会厅 | 10 厨房 | 11 阅览 | 12 门厅 | 13 中庭 |

东南并置

　　此组是典型的高层酒店建筑功能组织模式，由底层裙房和高层客房组成，将餐饮和门厅组成的大空间置于平面东南角。

东西贯通

　　此组是典型的高层酒店建筑功能组织模式，由底层裙房和高层客房组成，将餐饮和门厅组成的大空间东西贯通置于平面正中。

北侧并置

　　此组是典型的高层酒店建筑功能组织模式，由底层裙房和高层客房组成，将餐饮和门厅组成的大空间并列置于平面北侧。

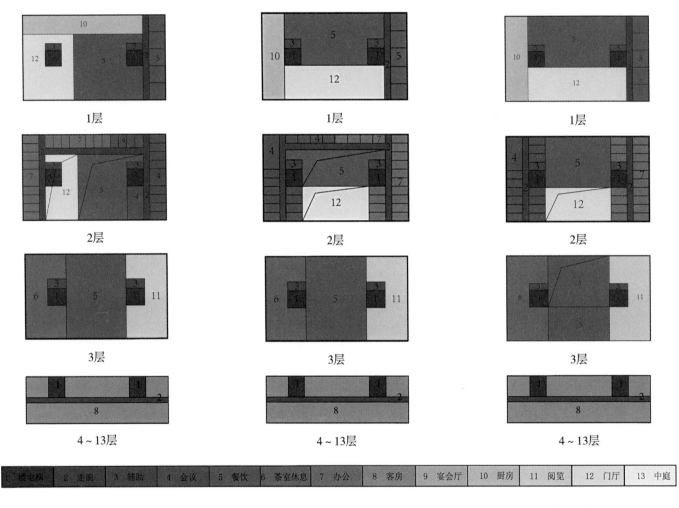

| 1 楼电梯 | 2 走廊 | 3 辅助 | 4 会议 | 5 餐饮 | 6 茶室休息 | 7 办公 | 8 客房 | 9 宴会厅 | 10 厨房 | 11 阅览 | 12 门厅 | 13 中庭 |

南侧并置

　　此组是典型的高层酒店建筑功能组织模式，由底层裙房和高层客房组成，将餐饮和门厅组成的大空间并列置于平面南侧。

南侧递进

　　此组是典型的高层酒店建筑功能组织模式，由底层裙房和高层客房组成，将餐饮和门厅组成的大空间递进置于平面南侧。

错层叠置

　　此组是典型的高层酒店建筑功能组织模式，由底层裙房和高层客房组成，将餐饮和门厅组成的大空间于南北向1至3层错置于平面中间。

（二）多层庭院式
大空间分布

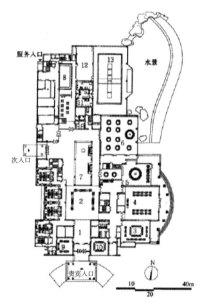

苏州市东山宾馆

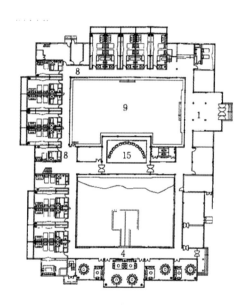

绍兴鉴湖大酒店

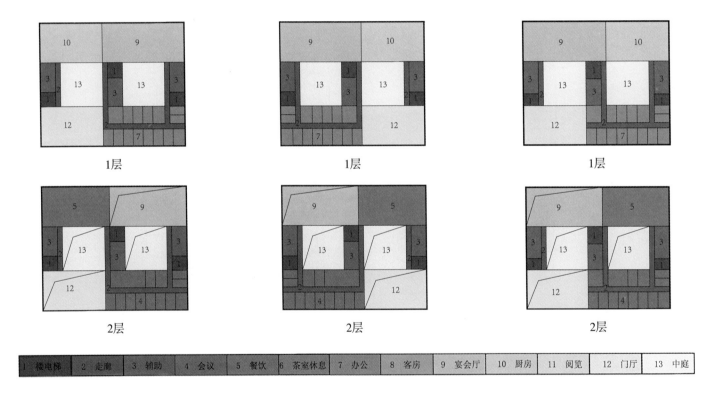

1 楼电梯	2 走廊	3 辅助	4 会议	5 餐饮	6 茶室休息	7 办公	8 客房	9 宴会厅	10 厨房	11 阅览	12 门厅	13 中庭

西南东北角

此组是典型的庭院式酒店建筑功能组织模式，采用双庭院的布置形式，将大空间在西南角和东北角完全分开布置。

东南西北角

此组是典型的庭院式酒店建筑功能组织模式，采用双庭院的布置形式，将大空间在东南角和西北角完全分开布置。

西侧

此组是典型的庭院式酒店建筑功能组织模式，采用双庭院的布置形式，将大空间一同布置在庭院的西侧。

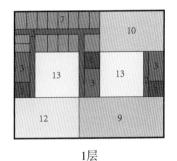

1层

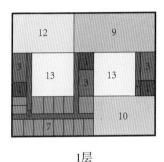

1层

1层

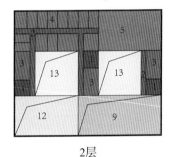

2层

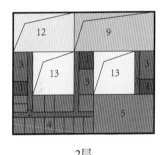

2层

2层

| 1 楼电梯 | 2 走廊 | 3 辅助 | 4 会议 | 5 餐饮 | 6 茶室休息 | 7 办公 | 8 客房 | 9 宴会厅 | 10 厨房 | 11 阅览 | 12 门厅 | 13 中庭 |

东侧

此组是典型的庭院式酒店建筑功能组织模式，采用双庭院的布置形式，将大空间一同布置在庭院的东侧。

南侧

此组是典型的庭院式酒店建筑功能组织模式，采用双庭院的布置形式，将大空间一同布置在庭院的南侧。

北侧

此组是典型的庭院式酒店建筑功能组织模式，采用双庭院的布置形式，将大空间一同布置在庭院的北侧。

2.2.3 模拟与结论

（一）高层线性式
大空间分布

经模拟，能耗结果显示：

（1）高大空间靠近气候边界对能耗有一定不利影响。

（2）因不同的性能空间对照度要求的差异，朝向会对照明能耗产生不同程度的影响。

（3）在四个气候区中，水平布局形式均为大空间被小空间包围时，整体建筑能耗最低。

（4）建筑总能耗值：东南＜西南＜东北＜西北。

由此得出高层线性式酒店建筑功能空间组织的节能优化建议：

（1）在各气候区，建议将小体量的功能空间靠近北侧放置。

（2）在各气候区，建议将较小的功能空间与外界接触，小房间围绕大房间或是采取不同大空间递进式布置设计。

（3）在各气候区，建议将大空间尽量布置在南侧，如采用并置方式，建议放置在东南侧较为适宜。

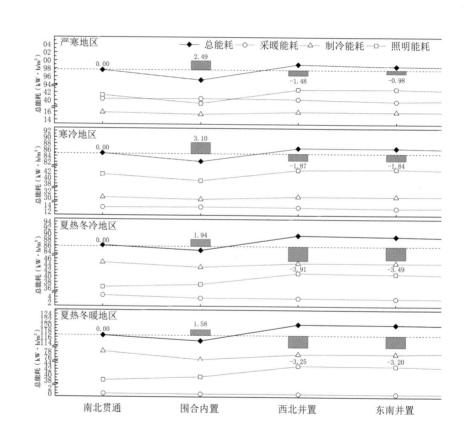

高层线性式功能空间组织

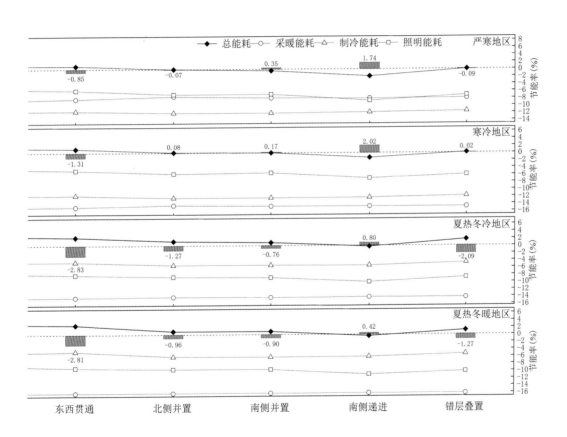

东西贯通　北侧并置　南侧并置　南侧递进　错层叠置

高层线性式功能空间组织

（二）多层庭院式

大空间分布

经模拟，能耗结果显示：

（1）总的能耗受大空间朝向影响较小。

（2）分别布置在同一庭院两侧时，东西朝向差距较大，且西侧能耗高。由于西晒的因素，制冷能耗显著提高。

（3）大空间并置在北向总能耗低于在南向。

（4）照度要求不同的空间，朝向会对能耗产生一定影响。由于小空间的照明需求一般高于大空间，所以小空间在北向时，照明能耗明显增加。

由此得出多层庭院式酒店建筑功能空间组织的节能优化建议：

（1）建议在各气候区，将大空间放置在平面北侧区域，同时不建议放置在西侧。

（2）建议在各气候区，将小空间置于建筑的气候边界处，并且小空间布置在南侧时节能效果较为明显。

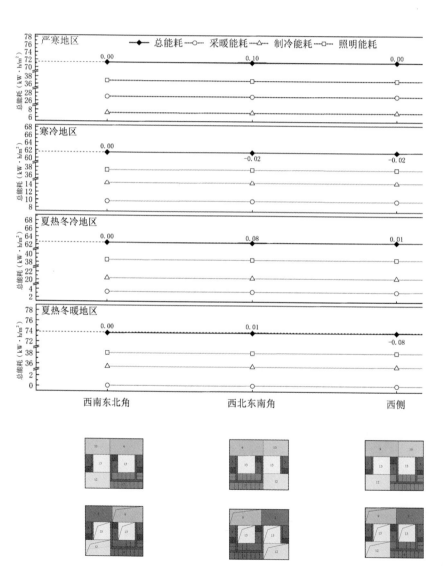

多层庭院式功能空间组织

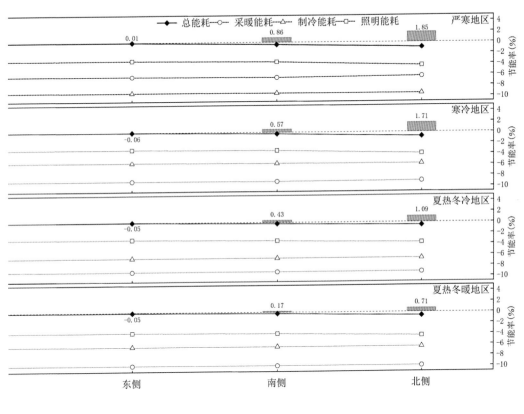

严寒地区

◆ 总能耗 ─○─ 采暖能耗 ─△─ 制冷能耗 ─□─ 照明能耗

寒冷地区

夏热冬冷地区

夏热冬暖地区

东侧　　　　　　　南侧　　　　　　　北侧

多层庭院式功能空间组织

2.2.4 窗墙比对空间组织能耗的影响

考虑到实际调研案例中围护结构窗墙比表现出的显著差异，以及窗墙比可通过显著影响建筑得热、传热、蓄热与散热属性，改变酒店建筑不同空间组织方案的绿色节能潜力。本研究就不同窗墙比对酒店建筑各功能空间组织方案的节能效果的影响进行了深入研究。

《公共建筑节能设计标准》GB 50189—2015考虑到我国大量公共建筑采用了玻璃幕墙等较大窗墙比立面形式，为减少权衡判断，提升设计效率，已取消了2005版标准对于建筑各朝向的窗（包括透明幕墙）墙面积比均不应大于0.70的强制性条文规定。而基于调研发现，大量酒店建筑案例窗墙比集中于0.3 ~ 0.9的取值范围，同时部分案例集中选用了以玻璃幕墙为代表的更高窗墙比立面。本研究针对酒店建筑的内部空间组织优化设计，选取了0.1 ~ 0.9区段，以0.2为步长的窗墙比变量范围，对高层线性式和多层庭院式酒店建筑的不同功能空间组织进行了进一步细化研究。

研究尝试通过探究连续变化的窗墙比下，酒店建筑不同功能空间组织方案的节能效果潜力，进而揭示不同窗墙比设置时，特定气候区的适宜功能空间组织方案。

2.2.5 模拟与结论

（一）高层式
大空间分布

气候区

总能耗与窗墙比关系

照明能耗与窗墙比关系

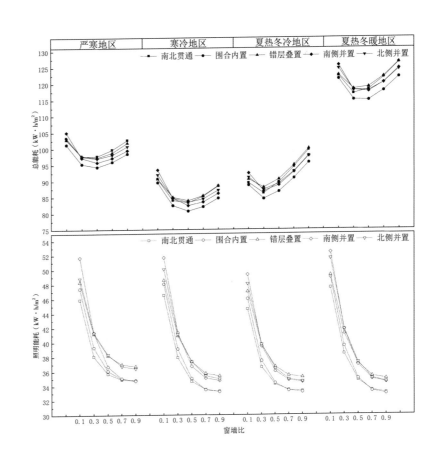

经模拟，能耗结果显示：

（1）在四个气候区，单位面积总能耗均随着窗墙比的增加呈现先降低后升高的趋势。在严寒、寒冷气候区，当窗墙比为适中时（0.5），单位面积总能耗最低。在夏热冬冷与夏热冬暖气候区，当窗墙比较小时（0.3~0.5），单位面积总能耗最低。

（2）在四个气候区，五种组合模式的单位面积照明能耗均随着窗墙比的增加呈现逐渐降低的趋势。单位面积采暖能耗均随着窗墙比的增加呈现降低的趋势，单位面积制冷能耗均随着窗墙比的增加呈现均匀升高的趋势。

气候区

采暖能耗与窗墙比关系

制冷能耗与窗墙比关系

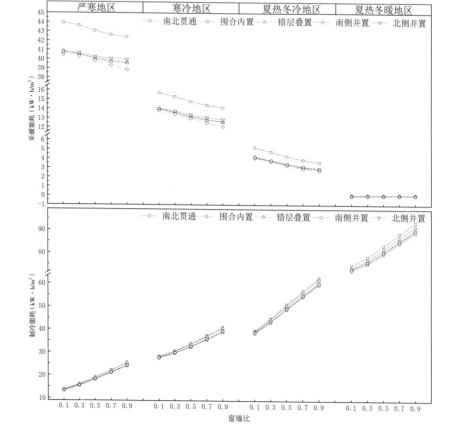

由此得出高层式酒店建筑不同窗墙比设置时针对大空间分布之功能空间组织的节能优化建议：

在严寒、寒冷气候区的窗墙比设计时，可优先考虑设置中等数值（0.5左右）的窗墙比，在夏热冬冷和夏热冬暖气候区的窗墙比设计时，可优先考虑设置中等偏小数值（0.3～0.5）的窗墙比，达到节约能耗的目标。

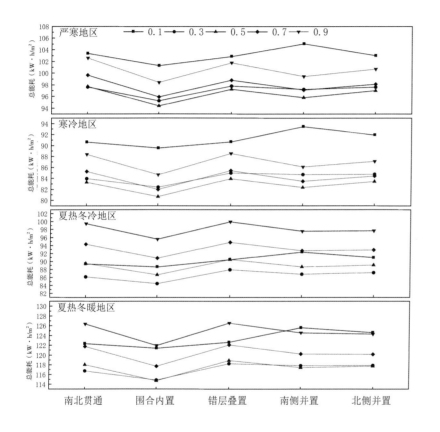

经模拟，能耗结果显示：

（1）在四个气候区的所有窗墙比下，均为围合内置式的单位面积总能耗最低。

（2）各气候区在较小的窗墙比（0.1）时，均为南侧并置式总能耗最高，在其余窗墙比设置下，单位面积总能耗均为南北贯通、错层叠置式最高，南侧并置、北侧并置式较低，围合内置式最低。

（3）围合内置式从分项能耗角度看，较好地平衡了照明、采暖、制冷能耗，取得了最佳的综合节能效益。

由此得出高层式酒店建筑不同窗墙比设置时，功能空间组织的节能优化建议：

（1）在各气候区，各窗墙比下，均适宜选择围合内置式空间组织方案。

（2）结合设计角度，在严寒、寒冷地区亦可考虑南侧并置式；在夏热冬冷与夏热冬暖地区，亦可考虑南北贯通式。

高层线性式功能空间组织

（二）庭院式

大空间分布

气候区

总能耗与窗墙比关系

照明能耗与窗墙比关系

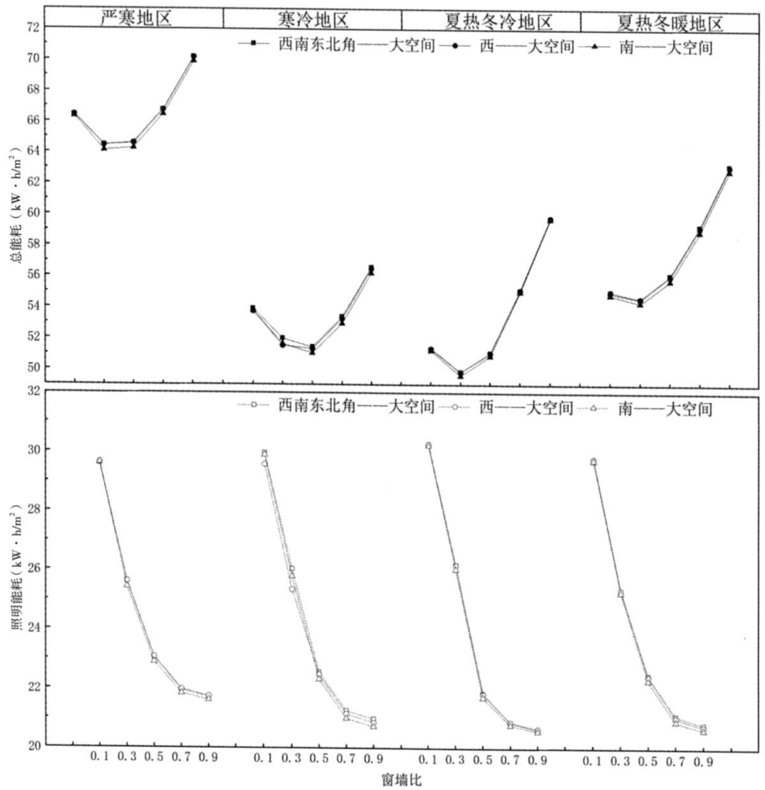

经模拟，能耗结果显示：

（1）在四个气候区的三种组合模式中，单位面积总能耗均随着窗墙比的增加呈现先降低后升高的趋势。在寒冷气候区，窗墙比适中（0.5）时总能耗最低，在严寒、夏热冬冷和夏热冬暖气候区，当窗墙比为较小（0.3）时，三种组合模式的单位面积总能耗最低。

（2）在四个气候区的三种组合模式中，单位面积照明能耗随着窗墙比的增加，均呈现逐渐降低的趋势，且均在窗墙比较小（0.1～0.5）时，降低趋势较为显著；在窗墙比较大（0.5～0.9）时，降低趋势较为平缓。同时，各气候区制冷能耗均随窗墙比增大而显著提升。

气候区

采暖能耗与窗墙比关系

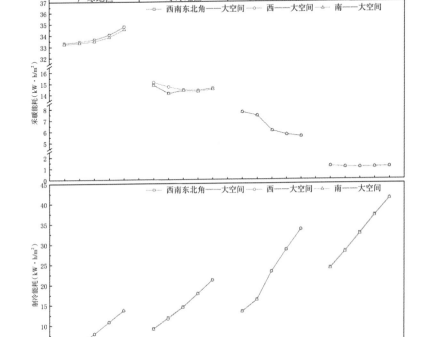

制冷能耗与窗墙比关系

（3）在严寒气候区，随着窗墙比的增大，三种组合模式的单位面积采暖能耗呈现逐渐升高的趋势。在寒冷、夏热冬冷和夏热冬暖地区，随着窗墙比的增大，三种组合模式的单位面积采暖能耗呈现逐渐降低的趋势。

由此得出庭院式酒店建筑不同窗墙比设置时针对大空间分布之功能空间组织的节能优化建议：

在严寒和寒冷气候区，可优先考虑将窗墙比设置为较小至适中（0.3～0.5）的范围内。在夏热冬冷和夏热冬暖气候区，可优先考虑将窗墙比设置为较小（0.3左右）范围内，达到节约能耗的目标。

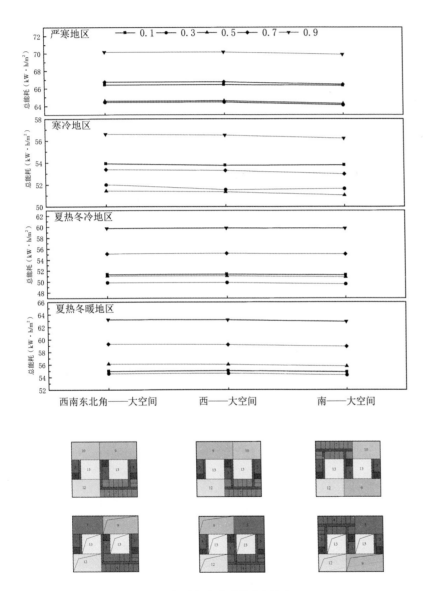

多层庭院式功能空间组织

经模拟，能耗结果显示：

在严寒、夏热冬冷和夏热冬暖气候区的所有窗墙比的情况下，西南东北角大空间、西大空间和南大空间三种组合模式的单位面积总能耗变化均很小，基本保持一致。

由此得出庭院式酒店建筑不同窗墙比设置时功能空间组织的节能优化建议：

在严寒、夏热冬冷和夏热冬暖气候区，庭院式功能布局可结合实际情况综合其他因素如采光质量、经济性等因素进行权衡判断。在寒冷气候区，若设置中等偏小的窗墙比时，可优先考虑西侧大空间的布局形式。

2.2.6 光环境模拟与结论

（一）高层线性式

sDA$_{300/50\%}$

严寒地区36.8% in Range

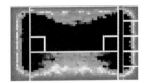

寒冷地区33% in Range

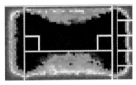

夏热冬冷地区40.4% in Range

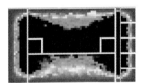

夏热冬暖地区36.5% in Range

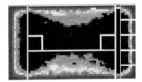

南北贯通

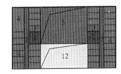

30.3% in Range

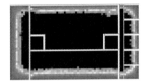

28% in Range

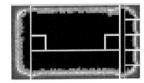

32.1% in Range

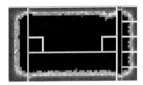

29.2% in Range

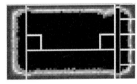

围合内置

35.9% in Range

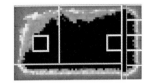

33.9% in Range

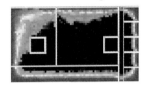

40.7% in Range

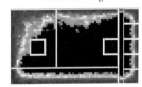

37.8% in Range

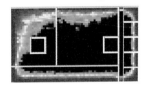

西北并置

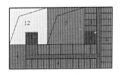

41.4% in Range

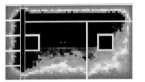

37.2% in Range

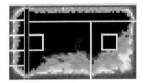

43.1% in Range

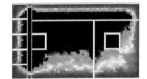

39% in Range

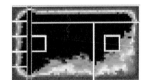

东南并置

功能空间组织（1F）

sDA_{300/50%}

sDA
0 20 40 60 80 100

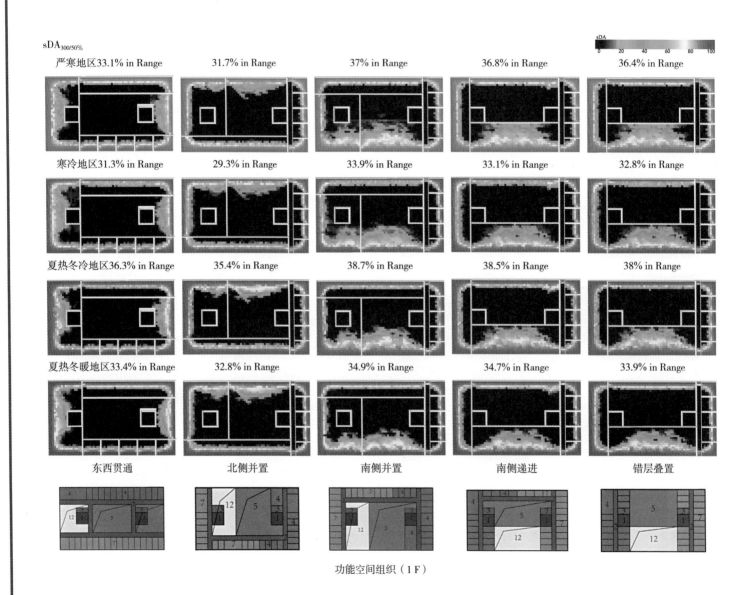

严寒地区33.1% in Range	31.7% in Range	37% in Range	36.8% in Range	36.4% in Range
寒冷地区31.3% in Range	29.3% in Range	33.9% in Range	33.1% in Range	32.8% in Range
夏热冬冷地区36.3% in Range	35.4% in Range	38.7% in Range	38.5% in Range	38% in Range
夏热冬暖地区33.4% in Range	32.8% in Range	34.9% in Range	34.7% in Range	33.9% in Range
东西贯通	北侧并置	南侧并置	南侧递进	错层叠置

功能空间组织（1F）

sDA$_{300/50\%}$

sDA
0 20 40 60 80 100

| 严寒地区31.4% in Range | 43.8% in Range | 30.6% in Range | 24.5% in Range |

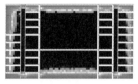 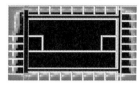 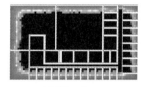 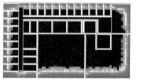

| 寒冷地区30.9% in Range | 41.6% in Range | 27.9% in Range | 23.9% in Range |

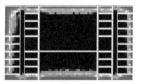 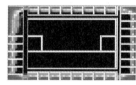 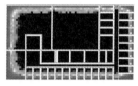 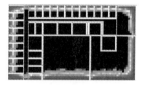

| 夏热冬冷地区32.9% in Range | 46% in Range | 30.6% in Range | 27.1% in Range |

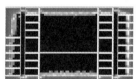 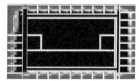 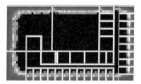 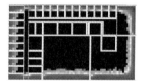

| 夏热冬暖地区32.7% in Range | 44.4% in Range | 28.9% in Range | 26.6% in Range |

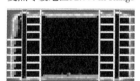 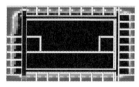 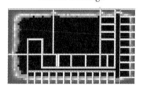 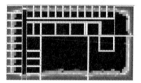

| 南北贯通 | 围合内置 | 西北并置 | 东南并置 |

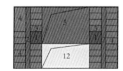 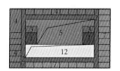 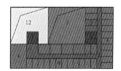 

功能空间组织（2F）

sDA$_{300/50\%}$

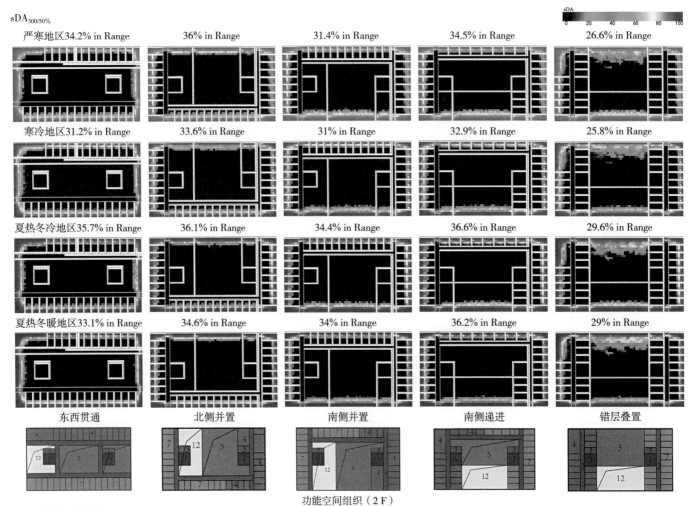

严寒地区34.2% in Range	36% in Range	31.4% in Range	34.5% in Range	26.6% in Range
寒冷地区31.2% in Range	33.6% in Range	31% in Range	32.9% in Range	25.8% in Range
夏热冬冷地区35.7% in Range	36.1% in Range	34.4% in Range	36.6% in Range	29.6% in Range
夏热冬暖地区33.1% in Range	34.6% in Range	34% in Range	36.2% in Range	29% in Range
东西贯通	北侧并置	南侧并置	南侧递进	错层叠置

功能空间组织（2F）

模拟结果显示：

（1）在四个气候区中，光照强度状况总体相似，东南并置模式采光水平相对较优，南侧并置、南侧递进、错层叠置、南北贯通、西北并置次之，围合内置、北侧并置式总体采光水平最弱。除却采光状况最佳的东南并置，在严寒、寒冷地区，南侧并置、南侧递进、错层叠置式与南北贯通、西北并置采光强度接近；而在夏热冬冷与夏热冬暖地区，南北贯通、西北并置相较于南侧并置、南侧递进、错层叠置采光更优。

（2）相对于寒冷和夏热冬暖地区，严寒和夏热冬冷地区采光保证更为明显，同时大空间各侧布置时强光区域的进深均更深，尤其南侧效应更为明显。

由此得出酒店建筑功能空间组织的采光优化建议：

在各气候区，均宜考虑通过东南并置、南北贯通、西北并置式有效增强自然采光，且在严寒、寒冷气候区亦可考虑通过南侧并置、南侧递进、错层叠置等方式提升采光效果。

UDI$_{100lx < E < 2000lx}$

Hrs
0.00 20.00 40.00 60.00 80.00 100.00

严寒地区51.1% in Range
34.9% in Range
45.8% in Range
50.2% in Range

  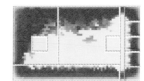 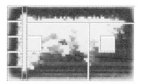

寒冷地区48.9% in Range
35.3% in Range
45.8% in Range
48.5% in Range

  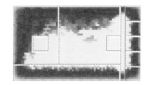 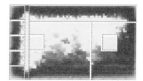

夏热冬冷地区53.8% in Range
35.4% in Range
49% in Range
51.7% in Range

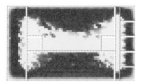  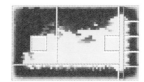 

夏热冬暖地区54% in Range
36.4% in Range
50% in Range
51.6% in Range

  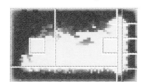 

南北贯通
围合内置
西北并置
东南并置

 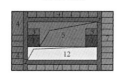 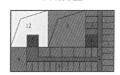 

功能空间组织（1F）

$UDI_{100lx < E < 2000lx}$

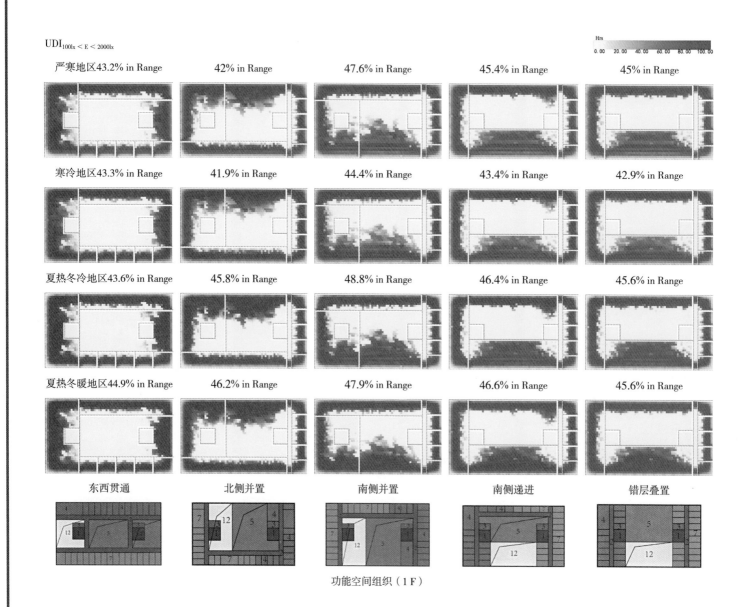

| 严寒地区43.2% in Range | 42% in Range | 47.6% in Range | 45.4% in Range | 45% in Range |

| 寒冷地区43.3% in Range | 41.9% in Range | 44.4% in Range | 43.4% in Range | 42.9% in Range |

| 夏热冬冷地区43.6% in Range | 45.8% in Range | 48.8% in Range | 46.4% in Range | 45.6% in Range |

| 夏热冬暖地区44.9% in Range | 46.2% in Range | 47.9% in Range | 46.6% in Range | 45.6% in Range |

| 东西贯通 | 北侧并置 | 南侧并置 | 南侧递进 | 错层叠置 |

功能空间组织（1F）

UDI$_{100lx < E < 2000lx}$

Hrs
0.00 20.00 40.00 60.00 80.00 100.00

严寒地区30.8% in Range　　44% in Range　　29.5% in Range　　30.1% in Range

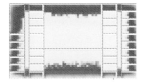 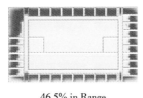 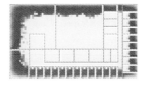 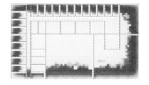

寒冷地区30.9% in Range　　46.5% in Range　　30.4% in Range　　30.8% in Range

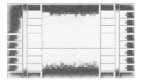  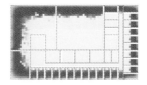 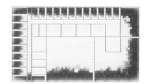

夏热冬冷地区29.4% in Range　　43.7% in Range　　30.7% in Range　　30.3% in Range

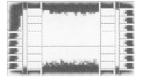 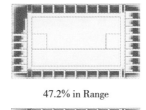 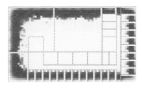 

夏热冬暖地区32.3% in Range　　47.2% in Range　　31.1% in Range　　31.1% in Range

 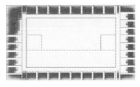 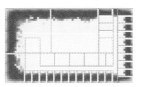 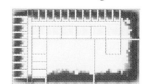

南北贯通　　围合内置　　西北并置　　东南并置

 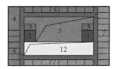 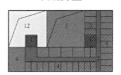 

功能空间组织（2F）

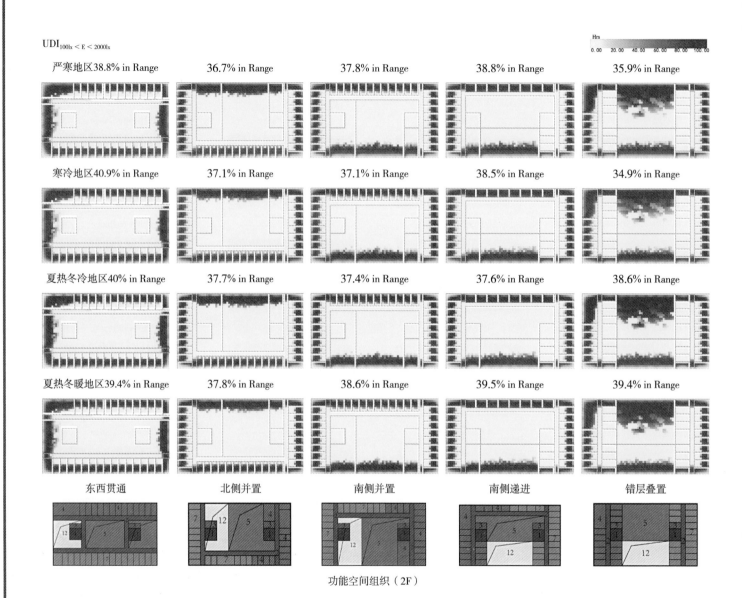

UDI$_{100lx < E < 2000lx}$

严寒地区38.8% in Range	36.7% in Range	37.8% in Range	38.8% in Range	35.9% in Range
寒冷地区40.9% in Range	37.1% in Range	37.1% in Range	38.5% in Range	34.9% in Range
夏热冬冷地区40% in Range	37.7% in Range	37.4% in Range	37.6% in Range	38.6% in Range
夏热冬暖地区39.4% in Range	37.8% in Range	38.6% in Range	39.5% in Range	39.4% in Range

东西贯通　　北侧并置　　南侧并置　　南侧递进　　错层叠置

功能空间组织（2F）

模拟结果显示：

在四个气候区中，光照质量状况总体相似，东南并置、南北贯通、西北并置模式采光水平相对较优。

由此得出酒店建筑功能空间组织的采光优化建议：

在各气候区均宜考虑东南并置、南北贯通、西北并置式有效提升采光质量。

（二）多层庭院式

sDA$_{300/50\%}$

严寒地区37.4% in Range

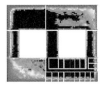

38.1% in Range

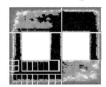

39.3% in Range

36.7% in Range

寒冷地区34.3% in Range

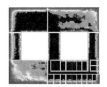

33.8% in Range

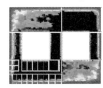

36.2% in Range

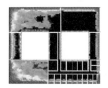

32.7% in Range

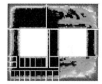

夏热冬冷地区43.5% in Range

42.6% in Range

44.5% in Range

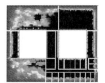

44% in Range

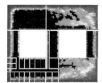

夏热冬暖地区38.4% in Range

37% in Range

40% in Range

37.5% in Range

西南东北角

东南西北角

西侧

东侧

功能空间组织（1F）

sDA$_{300/50\%}$

sDA

0　20　40　60　80　100

严寒地区44% in Range

35.2% in Range

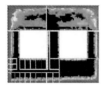

寒冷地区38.1% in Range

32.7% in Range

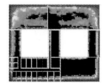

夏热冬冷地区45.8% in Range

43.3% in Range

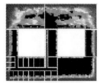

夏热冬暖地区40.3% in Range

38.4% in Range

南侧

北侧

功能空间组织（1F）

sDA_{300/50%}

严寒地区53.6% in Range　　　53.4% in Range　　　54.1% in Range　　　53.9% in Range

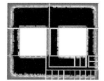 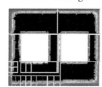 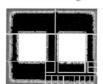 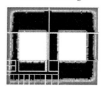

寒冷地区53.2% in Range　　　53.9% in Range　　　54.1% in Range　　　54.1% in Range

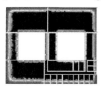 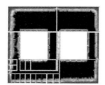 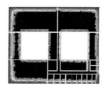 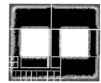

夏热冬冷地区53.2% in Range　　　53.7% in Range　　　54.1% in Range　　　54% in Range

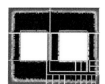 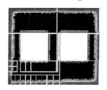 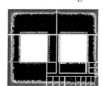 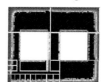

夏热冬暖地区53.9% in Range　　　54% in Range　　　54.2% in Range　　　54% in Range

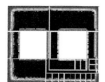 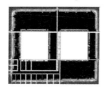 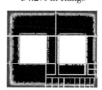 

西南东北角　　　东南西北角　　　西侧　　　东侧

功能空间组织（2F）

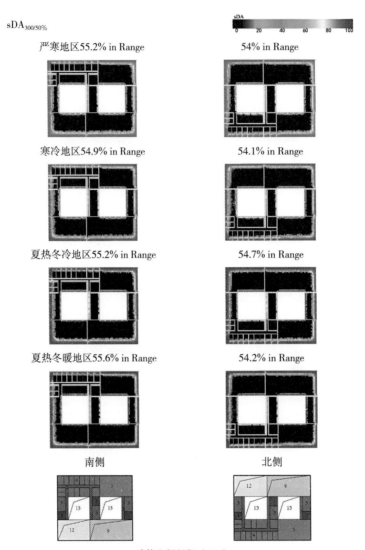

sDA$_{300/50\%}$

严寒地区55.2% in Range	54% in Range
寒冷地区54.9% in Range	54.1% in Range
夏热冬冷地区55.2% in Range	54.7% in Range
夏热冬暖地区55.6% in Range	54.2% in Range
南侧	北侧

功能空间组织（2F）

模拟结果显示：

（1）在四个气候区中，光照强度状况总体相似，大空间南侧布置模式采光水平相对较优，在严寒、寒冷气候区尤为明显。

（2）相较于寒冷和夏热冬暖地区，严寒和夏热冬冷地区采光保证更加明显。

由此得出酒店建筑功能空间组织的采光优化建议：

在各气候区均宜考虑南侧大空间布置有效增强采光，严寒、寒冷地区尤其如此，夏热冬冷、夏热冬暖地区相对享有较大的设计自由。

UDI$_{100lx < E < 2000lx}$

严寒地区53.6% in Range

53.4% in Range

54.1% in Range

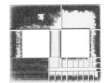

53.9% in Range

寒冷地区53.2% in Range

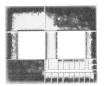

53.9% in Range

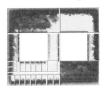

54.1% in Range

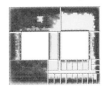

54.1% in Range

夏热冬冷地区53.2% in Range

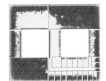

53.2% in Range

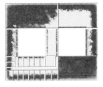

54.1% in Range

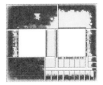

54% in Range

夏热冬暖地区53.9% in Range

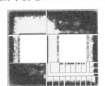

54% in Range

54.2% in Range

54% in Range

西南东北角

东南西北角

西侧

东侧

功能空间组织（1F）

UDI$_{100lx < E < 2000lx}$

严寒地区55.2% in Range

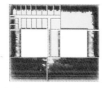

54% in Range

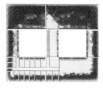

寒冷地区54.9% in Range

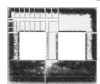

54.1% in Range

夏热冬冷地区55.2% in Range

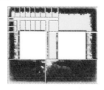

54.7% in Range

夏热冬暖地区55.6% in Range

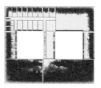

54.2% in Range

南侧

北侧

功能空间组织（1F）

UDI$_{100lx < E < 2000lx}$

Hrs
0.00 20.00 40.00 60.00 80.00 100.00

严寒地区37.7% in Range

37.8% in Range

36.4% in Range

36.2% in Range

寒冷地区37.5% in Range

38.7% in Range

36.4% in Range

37.1% in Range

夏热冬冷地区37.5% in Range

35.6% in Range

35% in Range

35.4% in Range

夏热冬暖地区36.6% in Range

36.7% in Range

35.5% in Range

35.5% in Range

西南东北角

东南西北角

西侧

东侧

功能空间组织（2F）

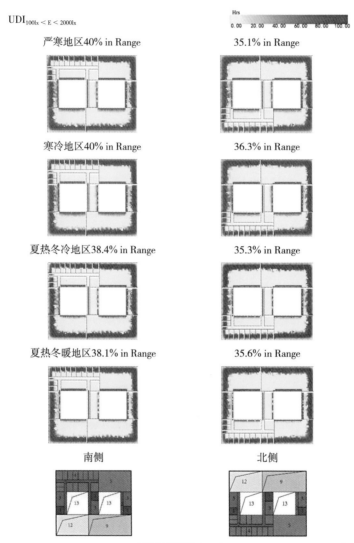

$UDI_{100lx < E < 2000lx}$

Hrs
0.00　20.00　40.00　60.00　80.00　100.00

严寒地区40% in Range	35.1% in Range
寒冷地区40% in Range	36.3% in Range
夏热冬冷地区38.4% in Range	35.3% in Range
夏热冬暖地区38.1% in Range	35.6% in Range
南侧	北侧

功能空间组织（2F）

模拟结果显示：

在四个气候区中，光照质量状况总体相似，各组织模式采光质量差异较小，大空间南侧布置模式相对略优。

由此得出酒店建筑功能空间组织的采光优化建议：

在各气候区针对采光质量均享有较大设计自由，可优先考虑大空间南侧布置。

2.2.7 热舒适模拟与结论

（一）高层线性式

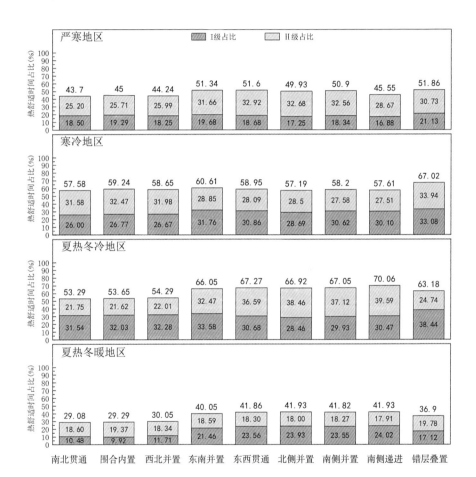

経模拟，能耗结果显示：

（1）严寒地区和寒冷地区错层叠置、东南并置式的热舒适状况最佳，但总体差异不大。

（2）夏热冬冷和夏热冬暖地区则是南侧并置、南侧递进、东南并置、东西贯通、北侧并置式的热舒适状况较佳，总体差异同样有限。

由此得出酒店建筑功能空间组织的热舒适优化建议：

（1）严寒地区和寒冷地区宜选择错层叠置、东南并置式，但享有一定的设计自由。

（2）夏热冬冷和夏热冬暖地区则宜选择南侧并置、南侧递进、东南并置、东西贯通、北侧并置式等，同样享有一定的设计自由。

高层线性式功能空间组织

（二）多层庭院式

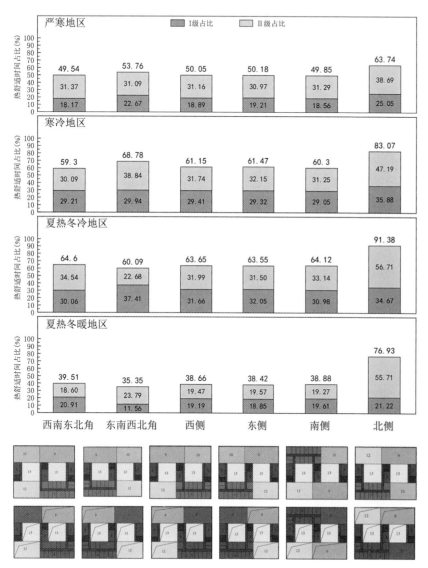

严寒地区 Ⅰ级占比 Ⅱ级占比

	西南东北角	东南西北角	西侧	东侧	南侧	北侧
合计	49.54	53.76	50.05	50.18	49.85	63.74
Ⅱ级	31.37	31.09	31.16	30.97	31.29	38.69
Ⅰ级	18.17	22.67	18.89	19.21	18.56	25.05

寒冷地区

	西南东北角	东南西北角	西侧	东侧	南侧	北侧
合计	59.3	68.78	61.15	61.47	60.3	83.07
Ⅱ级	30.09	38.84	31.74	32.15	31.25	47.19
Ⅰ级	29.21	29.94	29.41	29.32	29.05	35.88

夏热冬冷地区

	西南东北角	东南西北角	西侧	东侧	南侧	北侧
合计	64.6	60.09	63.65	63.55	64.12	91.38
Ⅱ级	34.54	22.68	31.99	31.50	33.14	56.71
Ⅰ级	30.06	37.41	31.66	32.05	30.98	34.67

夏热冬暖地区

	西南东北角	东南西北角	西侧	东侧	南侧	北侧
合计	39.51	35.35	38.66	38.42	38.88	76.93
Ⅱ级	18.60	23.79	19.47	19.57	19.27	55.71
Ⅰ级	20.91	11.56	19.19	18.85	19.61	21.22

多层庭院式功能空间组织

经模拟，热舒适结果显示：

各气候区下各组间趋势类似，均为大空间置于北侧热舒适状况最佳。

由此得出酒店建筑功能空间组织热舒适的优化建议：

在各气候区均宜考虑选用大空间北侧布置式，同时可根据设计习惯权衡判断。

2.3　酒店建筑典型单一空间形态绿色设计

2.3.1　调研与整理

　　酒店建筑中大堂空间和客房空间均为占比较大的主要空间，其中大堂空间是酒店建筑主体空间，是组织各种活动的多功能性空间，包含交通、交流、休闲等多种功能，是集多个功能于一体的综合性空间。

　　酒店建筑大堂空间依附于主体建筑，通常通高两层或两层以上，是建筑的重要组成部分，与建筑主体有明确的互动关联，有时也通过顶界面天窗或侧面玻璃幕墙与外界环境互通。因此，本研究中选取大堂空间为酒店建筑的典型单一空间，并针对这一典型空间进行体量、体态、布局三方面的模拟实验。由于本研究中就典型单一空间主要针对创作设计中较为关注的，对能耗性能有关键影响的普通性能缓冲空间开展研究，而此类空间一般不为建筑光环境与热舒适性能最为关注的部分，且限于篇幅，本研究针对选择的代表性典型单一缓冲空间主要开展了其绿色节能性能表现的相关研究，不再对其光环境与热舒适性能开展相关研究。

2.3.2　原型与分析

　　酒店大堂的形态变化主要分为体量、体态、布局三个部分。

1. 空间体量

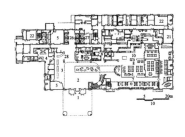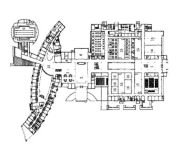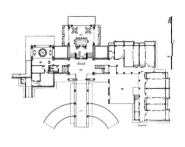

上海浦东大华锦绣假日酒店　　　　滨州大饭店　　　　北京JW万豪酒店　　　　海南博鳌国宾馆

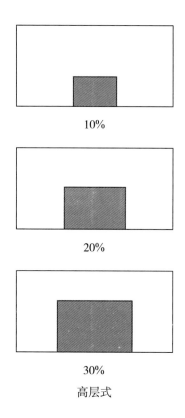

10%

20%

30%

高层式

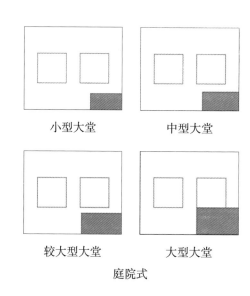

小型大堂　　　　中型大堂

较大型大堂　　　大型大堂

庭院式

大堂面积占比

　　根据案例调研，将高层线性式酒店大堂的体量模式依据大堂面积占比设置为3种样式，各自大堂就建筑占地面积占比分别为10%、20%、30%，长宽尺寸分别23m×15.3m、32.5m×21.7m、39.8m×26.6m。

大堂面积占比

　　根据现有案例和相关文献的查阅，总结归纳出大堂在庭院式酒店建筑中的体量模式，通过改变大堂的面积形成体量的变化，分为四种样式：小型大堂、中型大堂、大型大堂和较大型大堂。选用庭院式酒店的模式，大堂门厅位于建筑平面东南侧，长宽比控制在2∶1，长宽尺寸分别为：14m×28m、16m×32m、18m×36m、22.8m×37.2m。

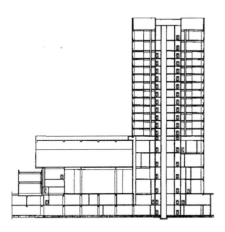

阜阳万达嘉华酒店

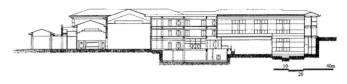

苏州市东山宾馆

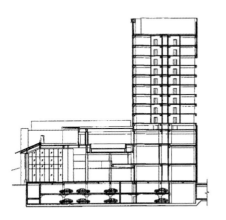

合肥利港喜来登酒店

上海衡山路至尊豪华酒店

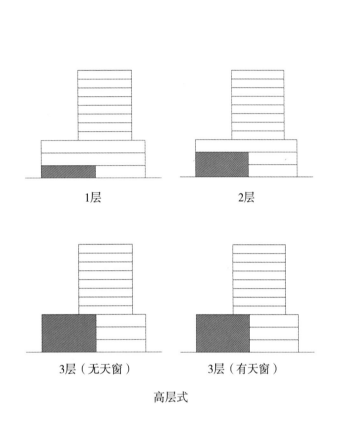

1层　　　2层

3层（无天窗）　　　3层（有天窗）

高层式

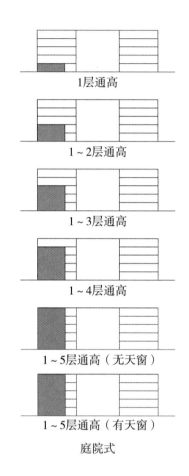

1层通高

1～2层通高

1～3层通高

1～4层通高

1～5层通高（无天窗）

1～5层通高（有天窗）

庭院式

大堂通高层数

根据现有案例和相关文献的查阅，总结归纳出大堂在整个酒店建筑中不同的通高模式，通过改变大堂的立面高度的变化，分为四种样式：1层通高式、1～2层通高式、1～3层通高无天窗式和1～3层通高有天窗式。选用高层式酒店的模式，大堂门厅位于建筑平面南侧，大堂无通高空间，层高4.8m。大堂1～2层局部通高，层高9.6m。大堂1～3层局部通高，层高14.4m。

大堂通高层数

根据现有案例和相关文献的查阅，总结归纳出大堂在整个酒店建筑中的不同的通高模式，通过改变大堂的立面高度的变化，分为六种样式：1层通高式、1～2层通高式、1～3层通高式、1～4层通高式、1～5层通高无天窗式和1～5层通高有天窗式。选用庭院式酒店的模式，大堂门厅位于建筑平面南侧，大堂无通高空间，层高4.8m。大堂1～2层局部通高，层高9.6m。大堂1～3层局部通高，层高14.4m。大堂1～4层局部通高，层高19.2m。大堂1～5层局部通高，层高24m。

2. 空间体态

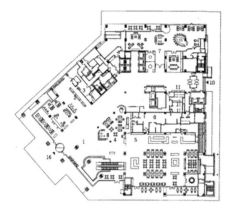

上海世博洲际酒店

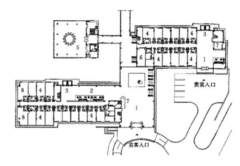

安徽省稻香楼宾馆贵宾楼

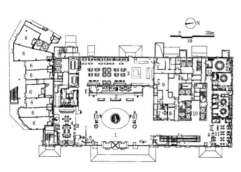

阜阳万达嘉华酒店

江苏无锡灵山禅修中心

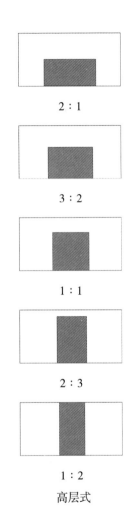

2：1

3：2

1：1

2：3

1：2

高层式

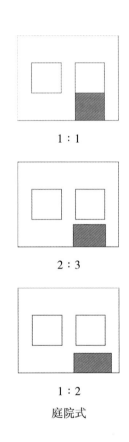

1：1

2：3

1：2

庭院式

大堂长宽比

　　根据现有案例和相关文献的查阅，总结归纳出大堂在整个高层酒店建筑中的不同体态模式，通过改变大堂的平面形状的变化，长宽比分为五种平面体态样式：2：1式、3：2式、1：1式、2：3式和1：2式，来控制大堂平面体态。选用高层式酒店的模式，大堂门厅位于建筑平面南侧，长宽尺寸为：42.4m×21.2m、36.75m×24.5m、30m×30m、24.5m×36.75m、21.2m×42.4m。

大堂长宽比

　　根据现有案例和相关文献的查阅，总结归纳出大堂在整个酒店建筑中的不同体态模式，通过改变大堂的平面形状的变化，长宽比分为三种平面体态样式：1：1式、2：3式和1：2式，来控制大堂平面体态。选用庭院式酒店的模式，大堂门厅位于建筑平面东南侧，长宽尺寸分别为：22.8m×22.8m、18.6m×27.9m、16.2m×32.4m。

3. 空间布局

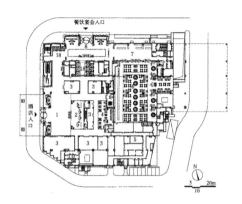

石狮荣誉国际酒店

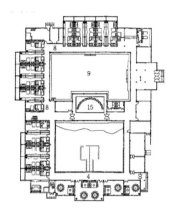

绍兴鉴湖大酒店

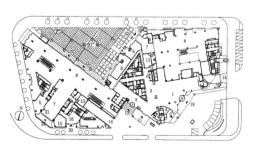

上海世茂皇家艾美酒店

江苏无锡灵山禅修中心

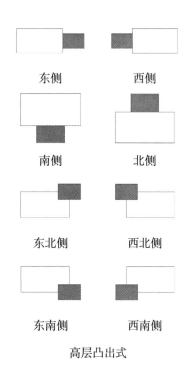

高层凸出式

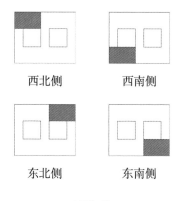

庭院式

大堂平面布局

根据现有案例和相关文献的查阅，总结归纳出大堂在整个酒店建筑中的分布模式，在控制大堂空间面积一致的前提下，大致分为八种样式：将凸出式大堂门厅分别设置在平面东侧、西侧、南侧、北侧、东北侧、西北侧、东南侧、西南侧。

大堂平面布局

根据现有案例和相关文献的查阅，总结归纳出大堂在整个酒店建筑中的分布模式，在控制大堂空间面积一致的前提下，大致分为四种样式：将大堂门厅分别设置在平面西北侧、西南侧、东北侧、东南侧。

2.3.3　模拟与结论

（一）高层式

1. 空间体量

（1）大堂面积占比

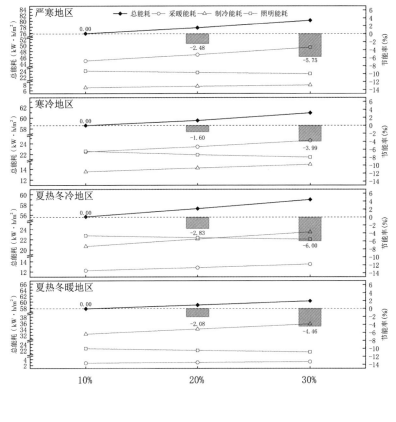

经模拟，能耗结果显示：

（1）大堂平面面积会对能耗产生较为明显的影响，在四个气候区大堂面积均为占比10%时总能耗最小。

（2）在四个气候区，照明能耗均随着大堂面积的增加而减小在严寒、寒冷和夏热冬冷气候区，采暖能耗随着大堂面积的增大呈现递增趋势。

由此得出大堂空间节能优化建议：

（1）在严寒、寒冷、夏热冬冷地区可优先考虑设置较小空间的大堂形式，通过控制采暖能耗来减少总能耗，达到节能的目标。

（2）在夏热冬暖气候区，优先考虑设置较小空间的大堂形式，通过控制制冷能耗来减少总能耗，达到节能的目标。

高层式大堂面积占比

（2）大堂通高层数

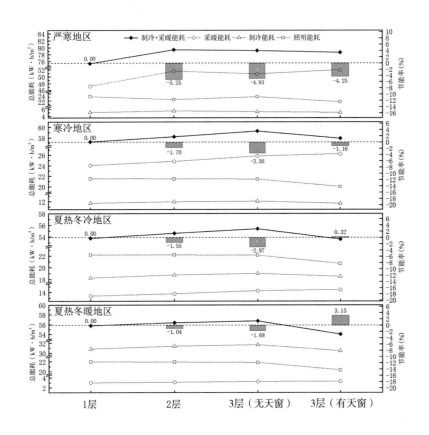

经模拟，能耗结果显示：

（1）大堂高度会对能耗产生较为明显的影响，在严寒和寒冷气候区，当大堂层数为1层时，单位面积总能耗最低。在夏热冬冷和夏热冬暖气候区，当大堂全通高且设天窗时，单位面积总能耗最低。

（2）各气候区，照明能耗均随着通高层数的增加呈现逐渐降低的趋势，采暖能耗随着层数的增加呈现逐渐增高的趋势，制冷能耗则为随着通高层数的增加呈现先增加后减少的趋势。

由此得出大堂空间节能优化建议：

（1）建议在严寒和寒冷气候区，优先选用通高层数较低的大堂高度形式，通过控制采暖能耗达到节能目标。

（2）在夏热冬冷和夏热冬暖气候区，优先选用通高层数较低的大堂高度形式，通过减少制冷能耗达到节能目标。

（3）同时在各气候区，都建议引入天窗，进一步有力控制照明能耗。

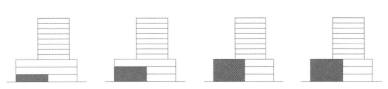

高层式大堂通高层数

2. 空间体态
大堂长宽比

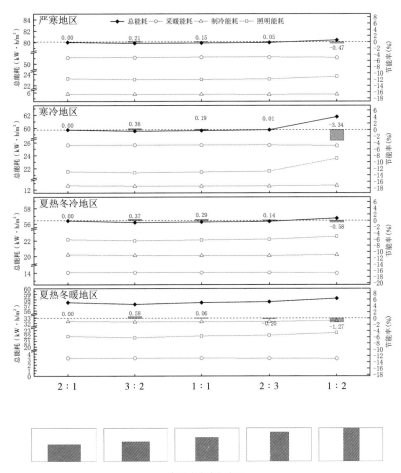

高层式大堂长宽比

经模拟，能耗结果显示：

（1）在四个气候区，高层式酒店大堂长宽比均为3：2时，单位面积总能耗最低，在长宽比为1：2时，单位面积总能耗最高，且在严寒、夏热冬冷和夏热冬暖气候区五种大堂长宽比体态的能耗变化不显著。

（2）在严寒、寒冷和夏热冬冷气候区，大堂平面长宽比较为适中（3：2、1：1和2：3）的单位面积总能耗变化不明显。在夏热冬暖气候区，大堂平面长宽比从3：2、1：1到2：3的单位面积总能耗呈现递增趋势。

由此得出大堂空间节能优化建议：

（1）建议在各气候区，高层式大堂的平面形态均可优先选用开间略长于进深的长宽比体态形式，同时不宜选用开间进深过大或过小的布局形式，通过控制照明辐射能耗，达到节能的目标。

（2）在各气候区，宜结合酒店大堂的实际功能需求情况，选择适中的开间进深长宽比。

3. 空间布局

大堂平面布局

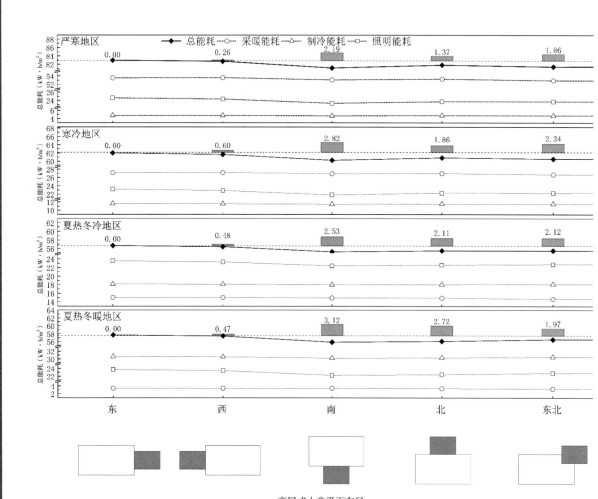

高层式大堂平面布局

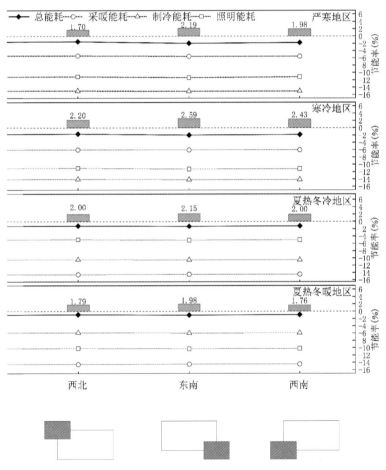

高层式大堂平面布局

经模拟，能耗结果显示：

在大堂面积一定的情况下，不同类型的大堂分布对能耗有较为明显的影响，南向分布最为节能，东向分布能耗最高，各气候区能耗变化总趋势均为东＞西＞北＞南。

由此得出大堂空间分布的节能优化建议：

建议在各气候区，在高层式酒店大堂的平面布局设计中，建议优先将凸出式大堂置于南侧，通过降低照明能耗来降低总能耗，达到节能目标，同时不宜将凸出式大堂置于东侧。

（二）庭院式

1. 空间体量

（1）大堂面积占比

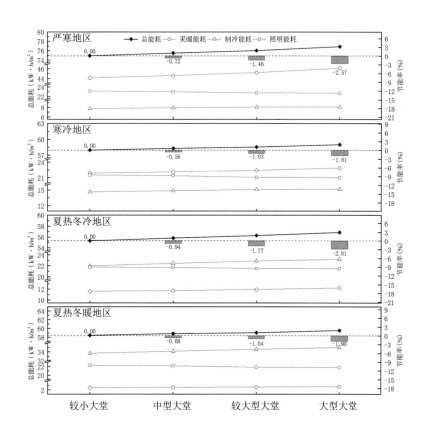

经模拟，能耗结果显示：

（1）在各气候区，均为选用较小大堂体量时单位建筑面积总能耗最低。随着大堂面积占比的增加，单位面积总能耗不断攀升。

（2）在四个气候区，照明能耗均随着大堂面积的增加而降低。严寒寒冷地区的采暖能耗，夏热冬冷、夏热冬暖地区的制冷能耗均随大堂面积占比的增加显著递增，且在影响总能耗变化趋势时占主导地位。

由此得出大堂空间节能优化建议：

（1）在严寒和寒冷气候区，建议选用面积占比较小的庭院式大堂。通过控制采暖能耗来减少总能耗，达到节能的目标。

（2）在夏热冬冷和夏热冬暖气候区，建议优先考虑设置面积占比较小的庭院式大堂，通过控制制冷能耗以减少总能耗，以达到节能目的。

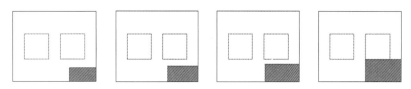

庭院式大堂面积对比

（2）大堂通高层数

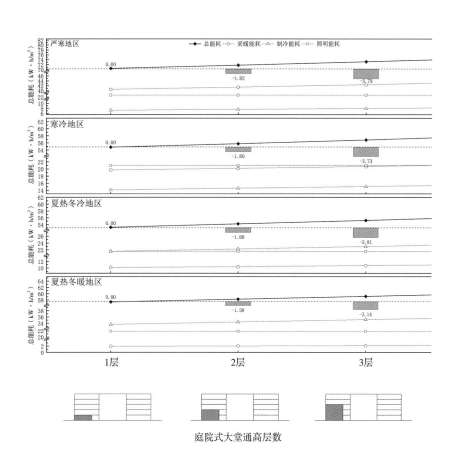

庭院式大堂通高层数

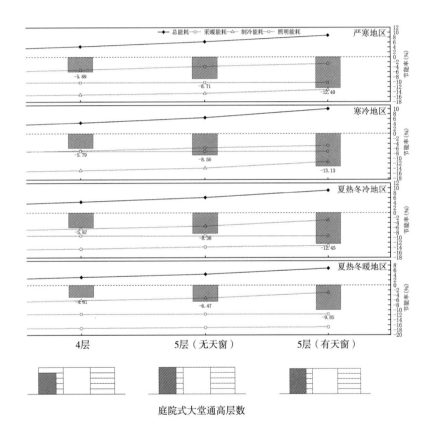

庭院式大堂通高层数

经模拟，能耗结果显示：

（1）在各气候区，酒店大堂均为单层无通高的情况下，单位建筑面积总能耗最低，节能率最高。

（2）在各气候区，采暖制冷能耗均随着通高层数的增加呈现逐渐增高的趋势。照明能耗虽均随通高层数增加而降低，但增益有限，未能补偿采暖制冷能耗损失。

由此得出大堂空间节能优化建议：

在各气候区，均宜优先选择较小通高层数无通高形式的大堂空间形态。

2. 空间体态

大堂长宽比

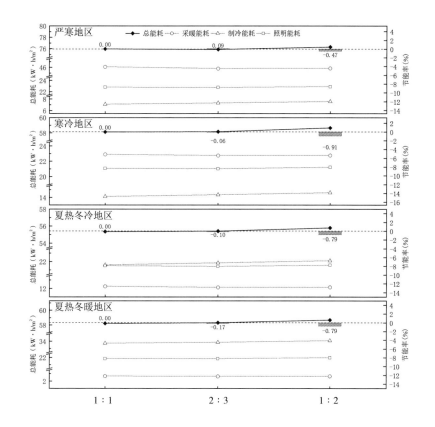

经模拟，能耗结果显示：

（1）各气候区中，在保持大堂面积不变的情况下，均为建筑平面体态为1∶1时，单位建筑面积总能耗最低，节能率最高。

（2）在各气候区，单位建筑面积总能耗均随大堂长宽比降低呈现逐渐递增的趋势，节能率呈现递减的趋势。

由此得出大堂空间节能优化建议：

在各气候区进行庭院式酒店大堂的体态设计时，均宜优先考虑选择大堂体态接近正方式的平面形式。

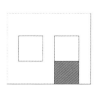
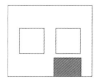

庭院式大堂长宽比

3. 空间布局
大堂平面布局

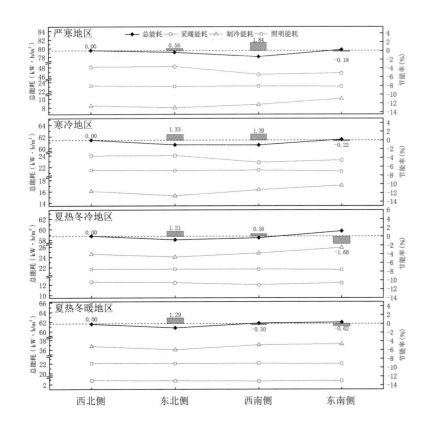

经模拟，能耗结果显示：

（1）在严寒地区，大堂分布于西南侧的单位面积总能耗最优；在寒冷地区，大堂东北侧与西南侧分布单位面积能耗均较低；在夏热冬冷、夏热冬暖地区均为大堂东北侧分布能耗最低。

（2）在各气候区，单位建筑面积采暖和制冷能耗基本呈现相反的趋势；在严寒地区，采暖能耗占据主导，在夏热冬冷、夏热冬暖地区，制冷能耗占据主导。

由此得出大堂空间节能优化建议：

（1）在严寒地区，建议将大堂设于西南侧。

（2）在寒冷地区，建议将大堂设于东北侧或西南侧。

（3）在夏热冬冷和夏热冬暖地区，建议将大堂设于东北侧。

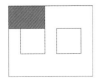 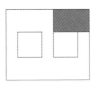 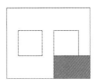

庭院式大堂平面布局

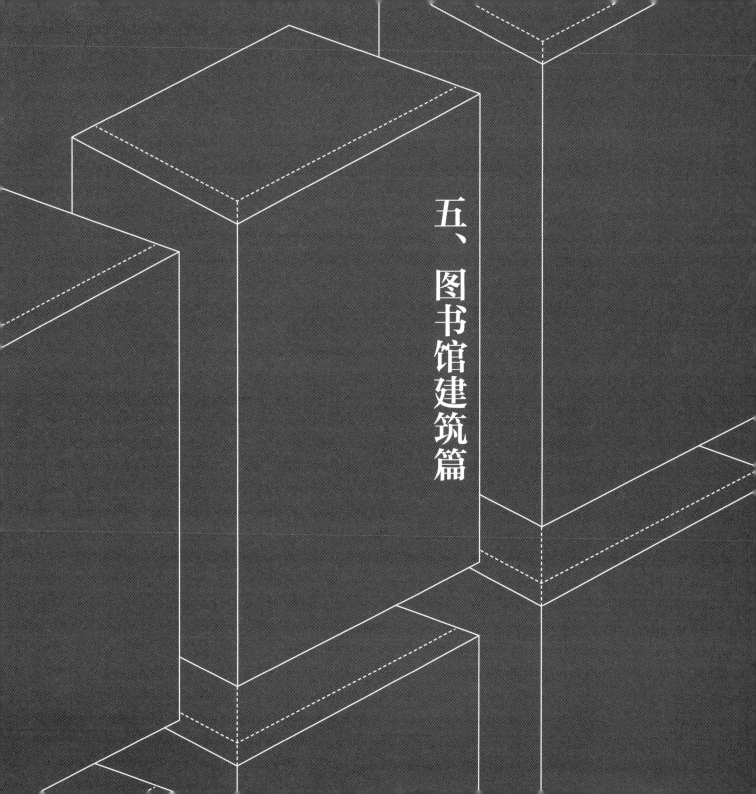

五、图书馆建筑篇

1　绿色图书馆建筑

1.1　概述

2019年新版《绿色建筑评价标准》GB 50378—2019突出了"以人为本、强调性能、提高质量"的绿色建筑发展新模式。随着我国城镇化建设进入新阶段，服务性的公共建筑规模大幅增加，《中国建筑节能年度发展研究报告2018》中提出，为保证公共服务在各地均衡、充分的发展，公共服务性质类建筑将是下一阶段公共建筑面积增长的主要分项，今后城镇化建设的重点将开始集中在教科文卫类建筑等大量人员长时间停留的场所。

伴随人们对空间环境性能的需求提升，大体量的公共建筑占比显著增加，导致我国绿色建筑能耗强度持续增长。随着信息化时代的到来，以公共服务为主要职能的图书馆建筑，其功能也逐渐从原有单一化的藏书阅览逐渐扩展为多元化的社会交往场所。使用模式的变化带来空间模式随之改变，图书馆建筑逐步向大规模、大体量、大进深的中心式与复合式空间组织模式发展，水平及垂直向的流动空间承载着图书馆的主要公共空间，极大地丰富了图书馆空间的多样性。然而，大进深的开放空间愈加依赖人工采光、机械通风、机械调温来满足空间环境性能需求，同时空间设计的把控不当，如建筑形态、平面分区不合理等，进一步导致环境舒适度的降低和建筑运行能耗的增加，造成了高昂的运行成本与能耗负担。如何在有效控制建筑运行能耗的前提下，满足良好的图书馆建筑室内环境品质需求，成为新的焦点问题。

国外对绿色图书馆建筑的研究与实践始于20世纪80年代，美国图书馆学会（ALA）提出创建绿色图书馆、实施图书馆环境保护计划的理念，随后图书馆学界把构建和发展绿色图书馆列为重点建设目标。1999年建成的南牙买加公共图书馆分馆利用绿色技术策略，相较普通同规模建筑节能约1/3[1]；2003年5月对外开馆的加州圣何塞公共图书馆西谷分馆获得国际上首个LEED评估认证。国内关于绿色图书馆的研究兴起于20世纪末，研究聚焦于绿色减排核心问题，覆盖了包括图书馆建筑构建策略、评价体系、物理环境性能改善等各个方面。1998年建成的北京大学图书馆新馆采用绿色照明设计，节约照明用电约35%[2]。截至2020年7月，我国通过绿色建筑评价认证的图书馆建筑为28个，其中，有5座图书馆通过了三星级认证。

在可持续发展指导思想下，以绿色设计为核心理念的绿色图书馆建筑的内涵涉及建筑模式、技术策略、节能管理、理念传播等多个层面，其力求在建筑设计、建造施工、运行实施的全寿命周期下，以降低能耗、减少对环境的破坏、提高资源利用率为目标，充分考虑地域气候条件的差异性，通过主动、被动式技术策略，以及可再生能源的利用，为使用者提供安全舒适、健康环保、高效适用的使用空间。

1.2 图书馆建筑绿色设计相关问题

1.2.1 气候适应性设计理念的缺失

图书馆作为标志性的文化建筑，无论是在城市、区域或是在校园尺度下，多采用集中式布局并结合大面积广场或景观独立建设，在建筑体量与形态上相对灵活且限制条件较少，可充分利用地域气候条件与场地地形地貌现状。

然而，大量图书馆建筑一味追求设计的现代感、科技感，形式同质化严重，并未对气候特点与地域文化作充分合理的考量与回应。

1.2.2 功能分区重构与自然通风、采光的矛盾

20世纪初期，图书馆多采用闭架阅览，建筑空间模式按照"藏书、借阅、阅览、管理"四大主要功能分区相对独立设置，建筑总体空间形式多呈"工"字形或"日"字形，空间组织模式通常以水平向廊式为主。近年来，随着开架阅览的普及，图书馆在功能目标上日益趋向"以人为本"的服务空间，建筑在以功能分区为主导的廊式模式基础上逐步向模数式空间模式转变，即在保留"藏借阅管"的功能分区形式下，将被分隔的小空间合并为通透的大空间，条状的交通空间被集中为块状空间[3]，空间组织模式逐渐转变为厅式，建筑进深增大，体量更为紧凑。目前，我国使用中的图书馆建筑大多采用了结合开架阅览的模数化空间模式。

这种公共区域大幅增加，各传统细分空间逐渐被大体量的多功能并置的复合空间所取代的空间组织形式改变也带来了一些问题：首先，大空间的划分和使用显著增加了功能空间进深，给自然采光和通风带来不便，造成了高昂的运行成本；同时，大空间的使用模糊了不同功能区之间的界面，使原本对环境需求等级不同的各功能区在连通、开放的空间形式下被动适应基本相同的环境水平，导致空间调控效率大大降低，进而显著增加了建筑能耗。总体而言，新型厅式图书馆建筑在进行空间组织划分时，对气候条件的考量较为匮乏，应于设计时对气候环境予以更充分的考量。

1.3 图书馆建筑绿色设计策略与方法

图书馆建筑属于文化教育类的代表性建筑。在设计层面上，一方面，图书馆应功能合理、大方美观，有严谨且明确的规划设计方案，明确不同使用功能的同时，适应现代化服务、管理的需求；另一方面，图书馆应尊重生态自然环境，与环境协调共生，注重自然光和环境心理学在设计中的应用，创造舒适、健康室内环境的同时，注意节约能耗，减少对环境的破坏。图书馆建筑的设计应当从初期设计阶段就将地域气候条件同场地与建筑布局、外部形体、内部空间形态、围护结构、自然采光通风等多方面设计手法相结合，形成多目标耦合下的设计结果。

1.3.1　选取适宜环境的场地与建筑布局形式

气候条件与场地、建筑布局设计紧密相关，在图书馆建筑设计初期，应充分考虑场地的风环境、光环境、声环境、热环境、日照与太阳辐射等微气候条件，并合理结合场地现有地形地貌、景观要素与公共性环境，使地域气候条件的差异性与建筑本体形成相互制约关系。

在冬季需要考虑保温设计的地区，朝向设计需主要考虑太阳辐射，并尽可能避开冬季主导风向，防止冷风造成的不利影响；在夏季需要考虑隔热设计的地区，朝向设计需考虑夏季主导风向，并避开太阳辐射的不利影响及暴雨、台风的侵袭。

同时，应尽可能选择节能、节地的布局方案。如位于严寒和寒冷地区的图书馆宜选用集中的布局方式而不宜过于分散；夏热冬暖地区的图书馆布局则要重视自然通风，利用分散式布局或风道的形式，改善热环境。

1.3.2　优化建筑外部形体

建筑空间组合论中提出，外部形体是内部空间的反映，而功能决定空间。随着图书馆建筑的不断发展，在"借""阅""藏"等功能空间的基础上，也逐渐出现了一些具有展示、研讨、会议等交流功能的大空间，以及入口、中庭等通高空间，这类空间一般需要大跨度结构体系来完成功能空间的塑造，从而衍生出多样的造型特征。

传统的图书馆以阅览功能为主，常见的有板式平面和集中式平面，为增强内部自然采光和通风，集中式多设中庭。随着信息时代的来临，图书馆不再仅仅是人们伏案苦读的地方，还承担着文化服务、开放教育与休闲娱乐等功能，内部功能趋向复合化[4]，由此引起外部形体亦呈现丰富多样的变化趋势。

外部形体的多样性会对图书馆的性能产生不同的影响，对于严寒地区与寒冷地区，外部形体对建筑能耗影响的因素可主要归结于建筑的体形系数，即在体积不变的情况下，图书馆建筑外表面曲折凹凸越多，则通过外围护结构的散热量越大，越不利于冬季保温，维持室内舒适环境所需要的热负荷就越高。如以哈尔滨地区为代表的严寒地区，不同形体的能耗面积、体积指标分析显示不同形体的节能程度为：圆柱体＞正方体＞长方体＞三棱柱＞L柱体＞H柱体，即在建筑面积或体积相同的情况下，与外界热交换面积越小的建筑形体，其能耗指标越小，节能潜力越大[5]。同时，在进行严寒地区高校图书馆体形设计时，应综合考虑建筑体形长宽的变化带来的阅览功能空间面积占比和体形系数的变化，两者共同决定了相应能耗水平[6]。而在夏热冬暖地区，通过建筑形体丰富的错落变化形成的建筑群体型凹凸的总体形态特征，可在建筑的外围护结构表面或局部空间产生阴影区，当其达到一定的面积比例便可对建筑形成有效的遮阳效果[7]。

1.3.3　提升围护结构性能

《公共建筑节能设计标准》GB 50189—2015中规定，对围护结构的传热系数限值做了规定。而对于采用自然通风的建筑，《民用建筑热工设计规范》GB 50176—2016中规定，外围护结构内表面最高温度应低于夏季室外计算温度的最高值。

既有图书馆的外围护结构由于建造年代的不同，因而差异较大。从材料的选择上来看，建于20世纪70年代前后的早期的图书馆建筑表皮多采用红砖、水泥砂浆、瓷砖等材料作为外围护结构；现代图书馆建筑围护结构表皮则形式多样，包括石材、玻璃幕墙、木质格栅等。日本金泽Umimirai图书馆采用金属穿孔板作为其外立面，大小不一的孔洞为室内带来柔和的光线。外围护结构作为室内外物理环境要素传递的媒介，起着调节室内外热量交换的作用，对控制建筑能耗、维持室内热环境的稳定有着重要的影响。

既有研究表明，建筑外窗的绿色节能改造重在控制墙窗、框扇之间的气密性以减少冷风渗透；并可通过更换玻璃材质，如使用传热系数较低的Low-E中空玻璃等来提高热工性能减少传热；同时改变外墙传热系数，亦会降低经由围护结构损失的热量，但效果不如窗户显著[8]。虽然提高外窗的气密性，能显著降低严寒地区的采暖能耗，但当建筑气密性过高时，夏季可通过采用自然通风来解决严寒地区建筑的室内散热问题；另外，窗墙比越小，在建筑面积或体积相同的情况下，围护结构的平均传热系数显著降低，其建筑能耗也随之减小。

1.3.4 合理组织自然采光与通风

《图书馆建筑设计规范》JGJ 38—2015中规定，图书馆建筑应充分利用自然条件，采用天然采光和自然通风。在建筑设计时，要充分利用建筑物平面形式、剖面设计及开口形式，合理组织自然采光与通风，并规定了图书馆阅览室天然采光标准值不应小于450（lx）。

（1）自然采光

虽然图书馆建筑的功能需求逐步趋向多元化，但其核心使用功能依然是阅览功能，也因此决定了图书馆对于室内光环境的高要求，现实中图书馆建筑的照明能耗用电量约占到总用电量的20%~30%。在采光设计中，一方面，绿色图书馆建筑应适当引入自然采光并合理组织内部空间，另一方面，为不同的建筑空间选择不同的合理高效的照明系统，能够有效降低图书馆建筑的总能耗。

在图书馆建筑中，有效利用中庭空间，或通过透光顶盖或模仿自然采光的人工照明作为光源，可使其室内环境更贴近自然，营造健康舒适的感受。边庭空间的透明围护结构因与室外环境大面积直接接触，受到风力和日照的影响较顶部采光的中庭更为明显，不利于室内光热环境的稳定[9]。另外，选择合适的透光材料可使室内光照均匀，如使用扩散玻璃与折射玻璃，可将阳光折射扩散到建筑室内深处以提高照度。设置反光遮阳板可以将夏季高度角较大的太阳光遮挡以避免眩光，并将部分光线反射至天花板与房间深处，可提高室内光线的均匀度。

（2）自然通风

自然通风是利用室外风力造成的风压和室内外空气温度差造成的热压来促使空气流通，相应地，自然通风通常分为风压通风与热压通风两种形式，风压通风适用于建筑进深比较小的空间，为保证自然通风的效果，通常双侧通风且两侧进深不宜大于14m，单侧通风且两侧进深不宜大于两倍层高，进深较大的图书馆建筑则更适合利用建筑内部空气热压差形成热压通风，可结合中庭、边庭或拔风井等竖向空间，通过顶部与底部空气之间的压力差，有效增加建筑内的通风量，达到引入新鲜空气、调节室内温度，从而实现降低能耗的目的。

此外，通过调整门窗洞口大小，变换开启方式，如平开窗、推拉窗、中轴旋转窗等，或是设置导风构件，通过遮阳构件、挑檐等形成导风板，引导和组织气流进入室内等，均可有效改善室内通风条件，从而达到降温和空气流通的目的。中庭内外部空间空气压力差引起室内外空气流动，且其较高的垂直高度加快了气流速度，形成烟囱效应，所产生的良好自然通风在引入室外新鲜空气的同时，加快了室内多余热量的对外排放，降低了室内温湿度，节省了夏季空调费用[10]。严寒寒冷地区中庭的大面积玻璃围护结构在透射阳光的同时，阻挡了来自室内的长波辐射，有效防止了室内热量的外溢，从而形成温室效应，有利于提高冬季建筑室内温度，降低采暖费用。另外，对于严寒地区而言，夜间自然通风换气次数与建筑制冷能耗，存在较好的线性关系，自然通风换气次数越高，建筑制冷能耗越低。

1.3.5 优化建筑空间形态

（1）总体空间形式的选择

图书馆总体空间形式视基地条件、馆舍规模不同而异，且不同的空间形态都有各自的优缺点。例如，集中式布局的功能空间具有高度复合化的特征，这种空间形式布局紧凑，节约用地，但缺点是如果处理不好，易使读者和工作人员之间相互干扰，空间的采光通风问题也因为较大的进深而受到限制。并列式布局是把不同的功能空间相对独立设置，并用活动空间或者交通空间将各部分连接起来，其优点是分区明确，组织灵活，同时也便于分区建造和扩建，但缺点是占地面积较大，各功能空间的相互联系较弱。院落式布局则通过嵌入内庭院的方式营造了舒适的环境，并且解决了大体量图书馆建筑的自然采光和通风问题，但同时也会导致建筑的占地面积变大。

总体空间形式设计作为建筑空间形态设计的初期阶段，对建筑性能的作用不可忽视。事实上建筑能耗性能的优化效果很大程度上取决于建筑设计的早期阶段，研究表明，超过30%的节能潜力来自建筑规划设计阶段[11]。建筑设计的初始阶段是确定建筑能耗的关键环节，控制建筑形态和布局可以有效降低能耗。虽然建筑围护结构热工性能和主动式机械设备的能效控制仍然是绿色建筑的重要组成部分，但如建筑师在设计早期阶段便能对不同气候区的建筑形态进行合理的选择，就可从根源上降低建筑的基础负荷需求，并在提高室内环境质量的同时，最大限度地减少对自然环境的负面影响。

（2）功能空间的合理组织

图书馆的不同功能区相对独立又相互依存。传统的功能组织使得不同功能区相对独立，如报告厅单独分区、独立设置出入口；阅览空间作为图书馆建筑的主要功能空间占据最大的分区单元等。现代图书馆打破了传统图书馆各功能空间之间的明确界限，主要功能空间逐步趋于多元化与复合化，图书馆空间布局方式也因此发生显著改变。

绿色图书馆建筑的功能空间组织，不仅仅是传统意义上的功能合理化组织，还应充分考虑各功能分区不同的环境性能需求，以及各功能分区间自然采光、通风与能耗控制的相互关系。如在严寒及寒冷地区，将低性能的辅助空间布置在北侧可有效抵挡冬季的热量损失，而在夏热冬冷和夏热冬暖地区，避免将主要功能空间大部分布置于西侧，可有效避免西晒的不利影响等。气候适应性功能空间组织应将物理环境性能与空间组织形式相结合，最大程度的利用地域气候条件与场地的有利因素。

（3）单一空间形态优化设计

对于图书馆建筑而言，入口空间、中庭空间以及大进深的阅览空间都是绿色性能控制的薄弱环节。对此类关键绿色潜力空间做进一步的形态优化设计，如控制其面积占比、高宽比和布局等，能够有效降低建筑能耗。

如严寒地区图书馆入口空间处设置两道门或在外部设置门斗，其间层空间可起到有效缓冲室外冷风侵入，减少室内热空气流失，进而降低图书馆的冬季采暖负荷；又如在建筑入口处设计台阶，利用台阶高低变化缓解和分散侵入室内的冷空气，也可起到维持室内温度稳定的作用等。

1.3.6　小结

总而言之，信息时代不断提升的空间品质需求给图书馆建筑带来新的挑战，也促使图书馆建筑重新审视其空间形态设计与能耗及物理环境性能之间的关系。对绿色图书馆设计的研究不应只聚焦于其外部形体的优化、围护结构性能的提升，应从建筑方案设计阶段初期出发，考虑地域性气候特征，有效控制建筑总体空间形式、功能空间组织与关键空间形态等，充分发掘其绿色潜力。

1.4　现有规范中的图书馆建筑空间设计指标

《图书馆建筑设计规范》JGJ 38—2015中，为使图书馆建筑设计满足安全卫生、适用经济、绿色环保等基本要求，针对图书馆建筑的建筑设计、防火疏散、室内环境和建筑设备提出了相应规定。

针对图书馆建筑的总体空间形式现有规范尚未作出相应规定。

针对图书馆建筑功能空间组织亦无明确规定。图书馆建筑的功能多样，组织形式更为繁多，不同的组织形式造成的各类能耗均不相同，现有规范仅针对各功能区自身做出相应节能规定，并未考虑不同功能空间组织对建筑综合性能的影响。

针对图书馆建筑内部单一空间的形态设计尚无相应规范进行明确规定。目前，规范仅针对建筑中庭等空间做出了绿色节能规定，未考虑空间体量、体态分布与绿色性能的关系。

表5-1将现有规范中涉及图书馆建筑设计的空间设计指标进行了梳理和归纳：

图书馆建筑设计的空间设计指标

表5-1

分类	类别	条文	出处
空间设计要求	体形及朝向	7.1.1 应结合场地自然条件和建筑功能需求，对建筑的体形、平面布局、空间尺度、围护结构等进行节能设计，且应符合国家有关节能设计的要求	《绿色建筑评价标准》GB/T 50378—2019
		3.1.5 建筑体形宜规整紧凑，避免过多的凹凸变化	《公共建筑节能设计标准》GB 50189—2015
	空间	4.2.4 书库的平面布局和书架排列应有利于**天然采光和自然通风**，并应缩短书刊取送距离；书架的连续排列最多档数应符合表4.2.4-1的规定，书架之间以及书架与墙体之间通道的**最小宽度**应符合表4.2.4-2的规定。	《图书馆建筑设计规范》JGJ 38—2015

书库书架连续排列最多档数（档）   表 4.2.4-1

条件	开架	闭架
书架两端有走道	9	11
书架一端有走道	5	6

书架之间以及书架与墙体之间通道的最小宽度（m）   表 4.2.4-2

通道名称	常用书架		不常用书架
	开架	闭架	
主通道	1.50	1.20	1.00
次通道	1.10	0.75	0.60
档头走道（即靠墙走道）	0.75	0.60	0.60
行道	1.00	0.75	0.60

续表

分类	类别	条文	出处
空间设计要求	空间	4.3.5 阅览桌椅排列的最小间距应符合表4.3.5的规定。 **阅览桌椅排列的最小间距（m）**　　　表 4.3.5 （见下表） 4.5.1 公共活动和辅助服务空间包括门厅、办证处、寄存处、陈列厅、培训场所、读者休息处、咨询服务处及报告厅等，可根据图书馆的性质、规模及实际需要确定	《图书馆建筑设计规范》JGJ 38—2015
		4.2.6 严寒地区建筑出入口应设门斗或热风幕等避风设施，寒冷地区建筑出入口宜设门斗或热风幕等避风设施	《民用建筑热工设计规范》GB 50176—2016
		4.2.14 日照充足地区宜在建筑南向**设置阳光间**，阳光间与房间之间的围护结构应具有一定的保温能力	

阅览桌椅排列的最小间距（m） 表 4.3.5

条件开架		最小间距		备注
		开架	闭架	
单面阅览桌前后间隔净宽		0.65	0.65	适用于单人桌、双人桌
双面阅览桌前后间隔净宽		1.30～1.50	1.30～1.50	四人桌取下限，六人桌取上限
阅览桌左右间隔净宽		0.90	0.90	—
阅览桌之间的主通道净宽		1.50	1.20	—
阅览桌后侧与侧墙之间净距	靠墙无书架时	—	1.05	靠墙书架深度按0.25m计算
	靠墙有书架时	1.60	—	
阅览桌侧沿与侧墙之间净距	靠墙无书架时	—	0.60	靠墙书架深度按0.25m计算
	靠墙有书架时	1.30	—	
阅览桌与出纳台外沿净宽	单面桌前沿	1.85	1.85	—
	单面桌后沿	2.50	2.50	
	单面桌前沿	2.80	2.80	
	单面桌后沿	2.80	2.80	

1.5 图书馆建筑空间形态绿色设计研究框架

针对当前我国图书馆建筑设计存在的问题和绿色设计亟需的相应设计策略与方法，本图解图书馆建筑篇针对图书馆建筑的空间形态绿色设计中：总体空间形式设计、功能空间组织设计、典型关键空间——阅览空间形态设计各设计内容，通过典型原型抽取、性能模拟分析、策略归纳总结，以图示化形式初步探索形成了图书馆建筑适应我国不同典型气候条件的相应空间模式。

图书馆建筑的模拟分析计算过程、选用的性能仿真模拟工具以及使用的能耗、光、热各项评价指标均与办公建筑相同。

研究同样按照"图书馆建筑原型界定—空间形态设计因素分析—性能模拟实验—绿色性能验证分析—归纳结论与策略"的逻辑展开。首先，通过理论分析和案例调研建立典型图书馆建筑空间形态原型，对围护结构实体、开口、构件、运行时间、人员发热量、新陈代谢水平、服装热阻和其他设备进行统一的参数设置。其次，针对各设计内容关键空间形态设计变量开展对照数值模拟计算及对比验证分析。最后，通过理论分析比较，总结得出其总体空间形式设计、功能空间组织设计、典型关键空间形态设计相应的适宜性设计策略，研究的具体框架如图5-1所示。

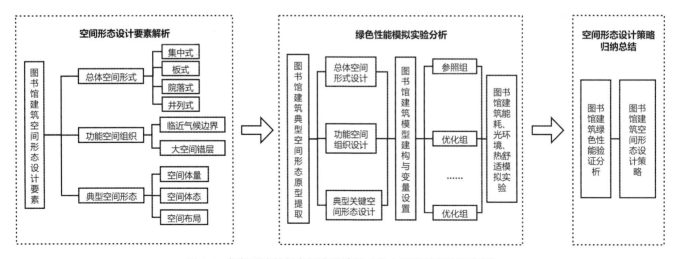

图5-1 气候适应性绿色图书馆建筑功能空间设计研究框架图

参考文献

[1] 沈逸赉. 美国纽约第一栋绿色建筑——南牙买加公共图书馆分馆[J]. 建筑创作, 2000 (4): 72-73.

[2] 戴德慈. 绿色照明与北京大学图书馆新馆[J]. 建筑学报, 1998 (6): 3-5.

[3] 鲍家声. 现代图书馆建筑设计[M]. 北京: 中国建筑工业出版社, 2002.

[4] 程泰宁, 钟承霞. 图书馆建筑设计理念的更新和发展——宁波高教园区图书信息中心的设计探索[J]. 建筑学报, 2007, 465 (5): 70-73.

[5] 白超仁. 基于BIM的图书馆建筑被动式节能策略研究[D]. 哈尔滨: 哈尔滨工业大学, 2019.

[6] 罗琳. 学习效率导向下的严寒地区高校图书馆形态节能设计策略[D]. 哈尔滨: 哈尔滨工业大学, 2018.

[7] 曾宪策. 岭南高校集约型教学建筑气候适应性设计策略研究[D]. 广州: 华南理工大学, 2019.

[8] 李振华. 既有公共建筑外围护结构适应性改造研究[D]. 北京: 北京建筑大学, 2015.

[9] 张雪菲. 严寒地区绿色公共建筑的空间设计研究[D]. 南京: 东南大学, 2013.

[10] 雷涛. 中庭空间生态设计策略的计算机模拟研究[D]. 北京: 清华大学, 2004.

[11] 林波荣, 李紫微. 面向设计初期的建筑节能优化方法[J]. 科学通报, 2016, 61 (1): 113-121.

2 图书馆建筑绿色空间模式

2.1 图书馆建筑总体空间形式绿色设计

2.1.1 调研与整理

图书馆建筑按照系统和业务关系，可划分为公共图书馆、专业图书馆、学校图书馆；按照规模，小型图书馆藏书量在50万册以下，中型图书馆藏书量在50万～150万册，大型图书馆藏书量在150万册以上。通过文献资料整理，以及对2000年后建成的33个实际案例的归纳总结，针对目前广泛使用的图书馆建筑空间特征，本研究主要针对大型图书馆建筑，以城市图书馆建筑与高校图书馆建筑为主要研究对象，旨在研究不同地域气候条件下，该尺度的图书馆建筑总体空间形式优化策略。

为完成图书馆建筑的系列性能模拟，同样需对构建模型与边界条件进行相关设置，其中模型的围护结构参数同样依照《公共建筑节能设计标准》GB 50189—2015中规定的热工参数作为模拟中的默认参量进行了设置。在总体空间形式模拟中，基于案例调研，选择典型立面窗墙比为0.3。在功能空间组合及典型单一空间模拟中，均采用相同数据，具体参数设置如表5-2所示。

针对能耗模拟，同样选择人工冷热源工况进行能耗模拟。并基于全楼典型功能空间类型及比例，选取或折算代表性功能空间的照明、设备功率密度、人员密度、散热量、新风量、运行时间、冬夏季房间设定温度等，用以统一设置总体空间形式模型相应参数。针对光环境、热舒适模拟，同样仅选择代表性典型标准层进行模拟分析。在进行光环境模拟设置时，按照《建筑采光设计标准》GB 50033—2013，依据不同热工气候分区代表性城市对应的光气候区、光气候系数K值计算确定其不同的采光系数标准值，同时依据《民用建筑绿色性能计算标准》JGJ/T 449—2018等要求，选取0.75m为计算平面高度，1m×1m为计算测点网格精度。在进行热舒适模拟设置时，同样选择代表性典型标准层进行模拟分析，选择自然通风即非人工冷热源状况下2次/h自然通风换气水平开展逐时模拟。通过统计全年运行时间中舒适小时数占比评价其热舒适水平。新陈代谢水平依据《民用建筑室内热湿环境评价标准》GB/T 50785—2012规定各类活动标准值，基于全楼典型功能空间类型及比例，按男女平均折算，确定为139W/人，服装热阻同样依据相同标准中代表性服装热阻表中的典型全套服装热阻，与办公建筑章节表2-2相同设置。

围护结构参数设置　　　　　　　　　　　　表5-2

部位	构造层次	热工性能
外墙	水泥砂浆20mm 聚苯乙烯泡沫板80mm 混凝土砌块100mm 石膏抹面15mm	传热系数为0.362W/（m²·K）
内墙	石膏板25mm 空气间层100mm 石膏板25mm	传热系数为1.639W/（m²·K）
玻璃隔断	普通玻璃3mm 空气间层6mm 普通玻璃3mm 空气间层6mm 普通玻璃3mm	传热系数为2.178W/（m²·K）
外窗	双层Low-E玻璃	传热系数为1.786W/（m²·K）
屋面	水泥砂浆20mm 沥青10mm 泡沫塑料150mm 混凝土铸件100mm 石膏抹面20mm	传热系数为0.237W/（m²·K）

2.1.2　原型与分析

　　将图书馆建筑总体空间形式分为四种典型类型：集中式、板式、院落式以及并列式，并具体细化为8种建筑形态，不同的建筑形态对应不同的内部空间组织模式。

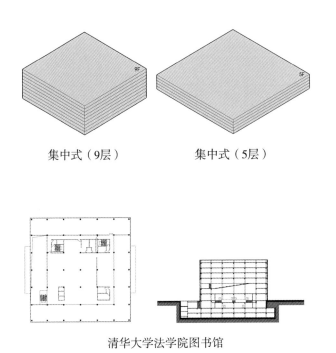

集中式（9层）　　　集中式（5层）

清华大学法学院图书馆

集中式

　　集中式为图书馆常见的建筑类型，多通过核心中庭组织空间，阅览空间布置在中庭四周，多为相互连通的开放流动空间。多层和高层的集中式布局模式都较为常见，内部中央多为通高空间。如图：清华大学法学院图书馆。

　　原型中，将集中式模型的平面比例设置为1：1的正方形平面。9层集中式模型沿垂直方向延伸，在控制建筑总面积不变的前提下，改变标准层面积，对比设置5层集中式模型。

板式（9层）

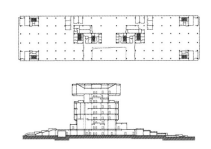

南开大学图书馆

板式

　　板式同样是图书馆较为常见的建筑类型，一般沿建筑中轴线对称布置，公共空间位于建筑中心，阅览空间则分设两侧。与集中式相比，板式建筑增加了南向面积，减少了东西两侧的不利因素。如图：南开大学图书馆。

　　板式模型选取了长方形作为建筑平面形状，长宽比为3：1。

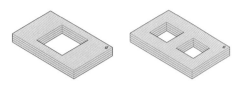

院落式（一院落）　　　院落式（两院落）

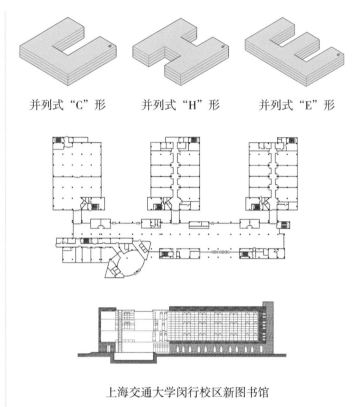

并列式"C"形　　　并列式"H"形　　　并列式"E"形

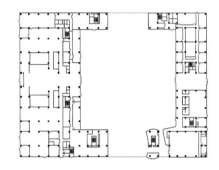

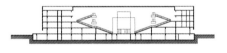

天津大学北洋园校区图书馆

上海交通大学闵行校区新图书馆

院落式

院落式通过内院的形式解决了大型建筑的自然采光和通风问题。院落的设置破解了大体量的建筑，同时可形成室内外的过渡缓冲区域，便于引入自然采光与通风。功能组织上，利用院落组织多个功能组团的方式有利于空间的合理布局，避免流线交叉和穿行。如图：天津大学北洋园校区图书馆。

院落式典型模型将平面比例设置为长宽比1.5∶1的长方形平面。并在控制建筑总面积不变的前提下，改变院落数量，设置了对比模型。

并列式

并列式图书馆通过改变建筑形态，形成一个或多个室外院落空间，作为室内与室外过渡缓冲区域。连接部分通常作为公共空间使用，阅览空间围绕院落，独立占据一翼，该类型的自然采光条件良好。

并列式典型模型在控制建筑总面积和建筑进深的前提下，通过改变室外院落空间的数量、位置和方向，分别设置了"C"形、"H"形和"E"形三种对比模型。如图：上海交通大学闵行校区新图书馆。

2.1.3 模拟与结论

选取各气候区的典型城市，模拟得到各总体空间形式在不同气候区的能耗情况，并以建筑体形系数最小的集中式模型为参考，计算了其他模型的总能耗节能率，比较各建筑形式与能耗的关系。

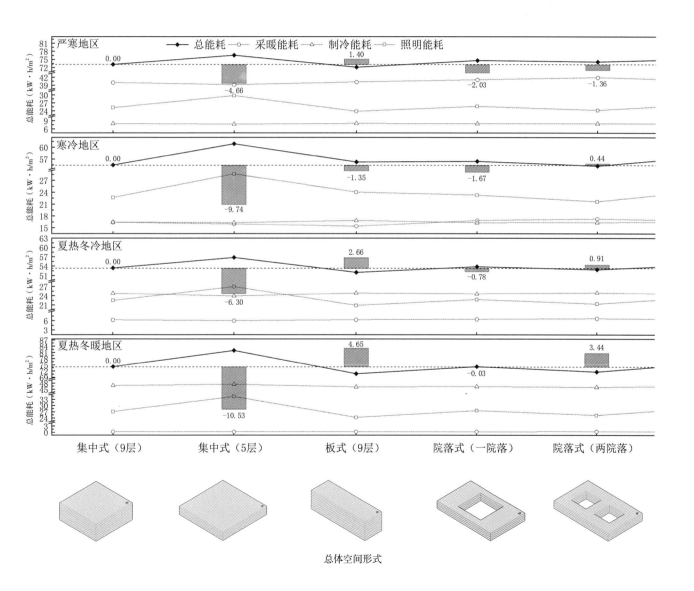

总体空间形式

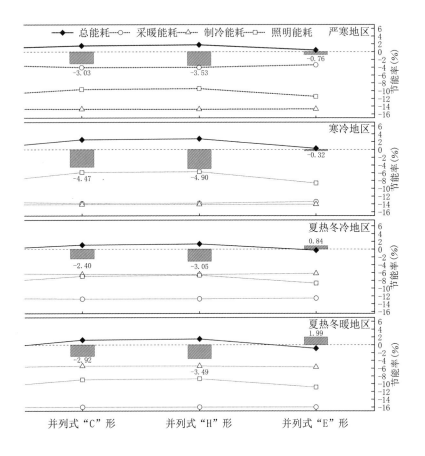

经模拟，能耗结果显示：

（1）在严寒地区板式和集中式9F能耗相对较低。5F集中式进深较大导致照明能耗较高从而使该体形的总能耗处于一个相对较高的水平。

（2）在寒冷地区，两个院落的院落式和集中式9F能耗相对较低。两个院落的院落式通过嵌入内院的方式，减少建筑进深，增加采光面积，降低了照明能耗从而使该体形的总能耗处于一个相对较低的水平；集中式9F体形规整，对降低采暖能耗有益。

（3）在夏热冬冷地区板式能耗相对较低。

（4）在夏热冬暖地区，板式和两院落的院落式以及并列式"E"形的建筑能耗都相对处于较低水平。

由此得出关于图书馆建筑总体空间形式的节能优化建议：

（1）在严寒地区，建筑选型可考虑板式和进深相对较小的集中式。

（2）在寒冷地区，建筑选型可考虑进深相对较小的集中式以及两院落的院落式。

（3）在夏热冬冷地区建筑选型可考虑板式。

（4）在夏热冬暖地区，建筑选型具有一定的设计自由，可考虑板式、两院落的院落式以及并列式等。

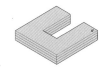
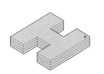

并列式"C"形　　并列式"H"形　　并列式"E"形

总体空间形式

2.1.4 光环境模拟与结论

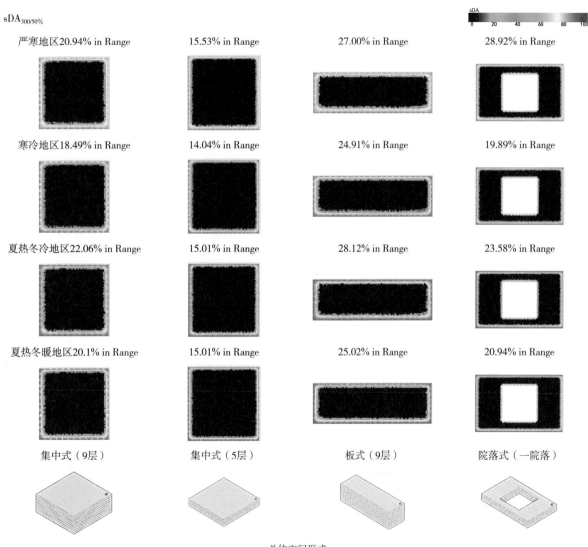

总体空间形式

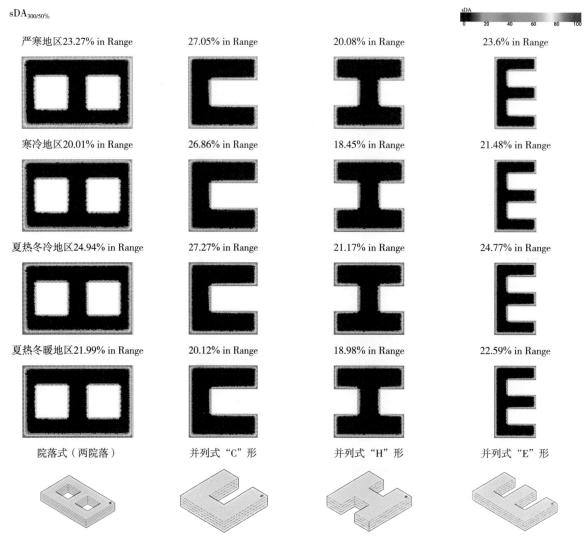

$sDA_{300/50\%}$

严寒地区23.27% in Range　　27.05% in Range　　20.08% in Range　　23.6% in Range

寒冷地区20.01% in Range　　26.86% in Range　　18.45% in Range　　21.48% in Range

夏热冬冷地区24.94% in Range　　27.27% in Range　　21.17% in Range　　24.77% in Range

夏热冬暖地区21.99% in Range　　20.12% in Range　　18.98% in Range　　22.59% in Range

院落式（两院落）　　并列式"C"形　　并列式"H"形　　并列式"E"形

总体空间形式

模拟结果显示：

在四个气候区中，光照强度状况差异总体相似，都表现为板式、院落式以及并列式总体采光较强，尤其一院院落式，与"C"形并列式总体采光水平较为突出。在严寒、寒冷地区三者采光表现较为接近，而在夏热冬冷与夏热冬暖地区，板式的优势更加突出，严寒和夏热冬冷地区相对采光水平更高，且光强较高区域的进深更深，这可能与代表城市太阳高度角与日照时数相关。

由此得出图书馆建筑总体空间形式的采光优化建议：

在严寒、寒冷地区，宜优先考虑板式、一院院落式及"C"形并列式；在夏热冬冷、夏热冬暖地区，宜更优先考虑板式，同时在各气候区针对院落式与并列式均具有一定的设计自由，同时应谨慎选择集中式或作相应权衡判断。

UDI$_{100lx < E < 2000lx}$

Hrs
0.00 20.00 40.00 60.00 80.00 100.00

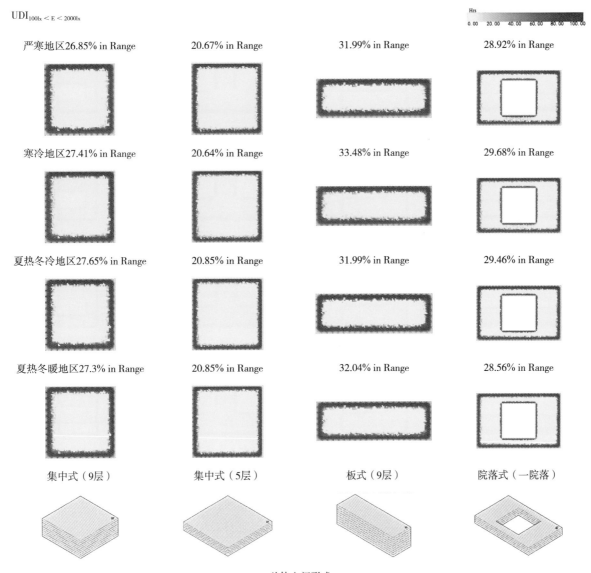

严寒地区26.85% in Range	20.67% in Range	31.99% in Range	28.92% in Range
寒冷地区27.41% in Range	20.64% in Range	33.48% in Range	29.68% in Range
夏热冬冷地区27.65% in Range	20.85% in Range	31.99% in Range	29.46% in Range
夏热冬暖地区27.3% in Range	20.85% in Range	32.04% in Range	28.56% in Range
集中式（9层）	集中式（5层）	板式（9层）	院落式（一院落）

总体空间形式

UDI$_{100lx < E < 2000lx}$

Hrs
0.00　20.00　40.00　60.00　80.00　100.00

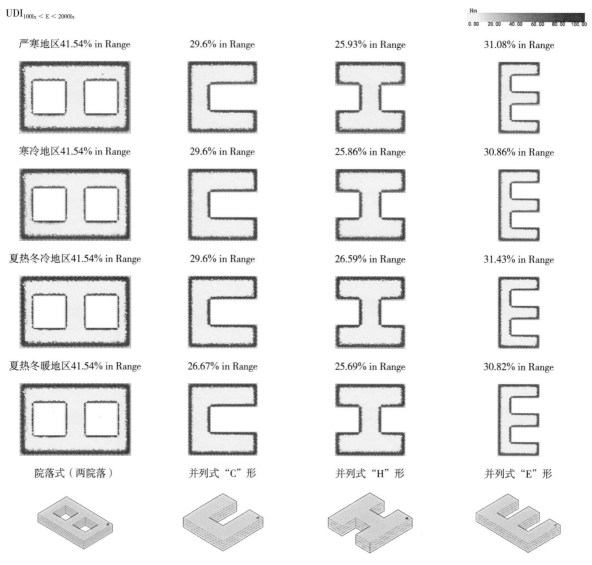

严寒地区41.54% in Range	29.6% in Range	25.93% in Range	31.08% in Range
寒冷地区41.54% in Range	29.6% in Range	25.86% in Range	30.86% in Range
夏热冬冷地区41.54% in Range	29.6% in Range	26.59% in Range	31.43% in Range
夏热冬暖地区41.54% in Range	26.67% in Range	25.69% in Range	30.82% in Range

院落式（两院落）　　　　并列式"C"形　　　　并列式"H"形　　　　并列式"E"形

总体空间形式

模拟结果显示：

在四个气候区中，光照质量状况差异总体相似，都表现为院落式、板式、并列式相对总体采光质量最高，尤其两院院落式与"E""C"形并列式在各自类型中表现较为突出，集中式采光水平总体较为不足。

由此得出图书馆建筑总体空间形式的采光优化建议：

在各气候区，设计图书馆建筑时均可优先考虑选用院落式、板式、并列式，尤其两院院落式、"E"形并列式与板式，以获得较好的采光质量。

2.1.5 热舒适模拟与结论

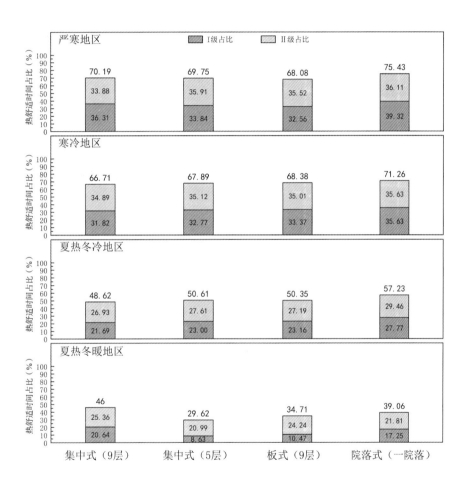

总体空间形式

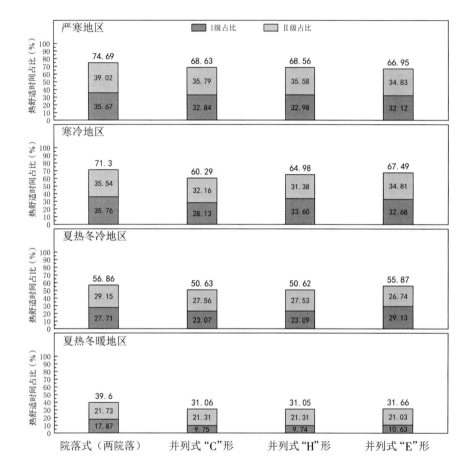

经模拟，热舒适结果显示：

（1）严寒地区集中式、院落式热舒适状况较优，其余总体空间形式热舒适状况差异较小。

（2）寒冷、夏热冬冷气候区院落式渐趋舒适，各模式间热舒适状况差异不大。

（3）夏热冬暖气候区高层集中式、院落式相对最为舒适，低层集中式、并列式舒适度则较为不舒适。

由此得出图书馆建筑总体空间形式的热舒适优化建议：

（1）严寒地区宜多考虑集中式，相对而言具有较大的设计自由。

（2）寒冷、夏热冬冷宜多考虑院落式，且具有较大的设计自由。

（3）夏热冬暖气候区宜优先考虑高层集中式或院落式，谨慎选择低层集中式或并列式。

总体空间形式

2.2 图书馆建筑功能空间组织绿色设计

2.2.1 调研与整理

在总体空间形式模拟结果的基础上,综合考虑性能优化以及应用前景,研究进一步选取了各气候区能耗较低以及在实际中应用较为广泛的集中式和并列式总体空间形式,进行进一步的功能空间组织及单一空间设计研究。

依据《民用建筑绿色性能计算标准》JGJ/T 449—2018确定图书馆建筑主要功能包括:书库、阅览、办公、研修、报告厅等。在平面布局方面,基于第一步的案例调研,总结图书馆建筑普遍的功能、流线、结构要求,合理排布相对固定与灵活的空间位置,罗列出各功能空间组织选项。

构件模型与边界条件的相关设置主要依循第一步总体空间形式的设置方式,如围护结构、典型窗墙比等。针对空间组织中更为细分多样化的功能空间,依照《民用建筑绿色性能计算标准》JGJ/T 449—2018以及《图书馆建筑设计规范》JGJ 38—2015等规范赋予了不同区域对应的参数,具体参数设置如表5-3所示。

图书馆建筑房间分区参数设置 表5-3

分区名称	照明功率密度 (W/m²)	设备功率密度 (W/m²)	人员密度 (m²/人)	人员散热量 (W/人)	新风量 [m³/(h·人)]	房间夏季设定温度 (℃)	房间冬季设定温度 (℃)	房间照度 (lx)	参考平面及高度(m)
书库	7	5	—	—	10	28	14	50	0.25m垂直面
阅览室	9	5	1.9	108	30	26	20	300	0.75m水平面
报告厅	9	5	2.5	108	30	26	18	300	0.75m水平面
办公室	9	5	6	134	30	26	20	300	0.75m水平面
楼梯间	5	5	—	—			16	75	地面
走廊	5	5	—	—			16	75	地面
卫生间	6	5	—	134			28	16	75	地面
机房等非空调房间	6	5	—	134				75	地面
研究室	9	5	6	—	30	26	20	300	0.75m水平面

考虑图书馆各典型模型主要功能组织变化集中于2层以上楼层,且主要功能楼层以标准层为代表,故本节的能耗部分以整楼数据分析比较,而光环境、热舒适模拟研究仅选择2层以上的标准层代表楼层进行模拟验证分析。其中,针对光

环境模拟设置，选择1、2层分别进行动态采光模拟分析，采光系数标准值、计算平面高度、计算测点网格精度等的确定均与第一步总体空间形式的设置保持一致。针对能耗与热舒适模拟设置，冷热源工况、暖通空调设备COP、自然通风工况时换气次数要求、人员服装热阻的设置同样与之保持一致，2~4层因不同组织模式中存在层间功能置换，将2~4层整体形成热舒适结果综合评价比较。热舒适逐时模拟时依据《民用建筑室内热湿环境评价标准》GB/T 50785—2012，为不同功能空间设置了相应不同的新陈代谢水平如表5-4所示。

图书馆建筑各功能空间人员新陈代谢水平　　　　　　　表5-4

分区名称	活动类型	Met（1Met=58.15W/m²）	W/人
楼电梯	①平地步行 3km/h；②立姿，放松；	1.9	183.96
走廊	平地步行 4km/h	2.8	271.095
辅助	①平地步行 3km/h；②立姿，放松；	1.9	183.958
报告厅	坐姿，放松	1	96.820
展厅	立姿，轻度活动（购物、实验室工作、轻体力工作）	1.6	154.912
办公	坐姿活动（办公室、居住建筑、学校、实验室）	1.2	116.184
研修	坐姿活动（办公室、居住建筑、学校、实验室）	1.2	116.184
公共活动	①坐姿，放松；②立姿，放松；③立姿，轻度活动；④平地步行 4km/h；	1.7	164.594
密集书库	立姿，轻度活动（购物、实验室工作、轻体力工作）	1.6	154.912
开架阅览	①立姿，放松；②坐姿，放松；	1.2	116.184
门厅	①平地步行 4km/h；②立姿，放松；	2.1	203.321
中庭	①平地步行 4km/h；②立姿，放松；	2.1	203.321

2.2.2　原型与分析

经前期模拟，基于建筑性能与空间位置、功能布局与气候边界的关系，调研统计不同图书馆建筑空间组织模式，确定以下不同典型空间组织模式，以研究其与建筑性能的关系。

（一）集中式

临近气候边界、大空间错层

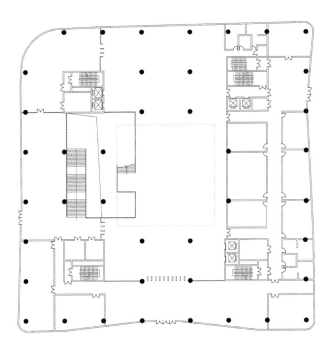 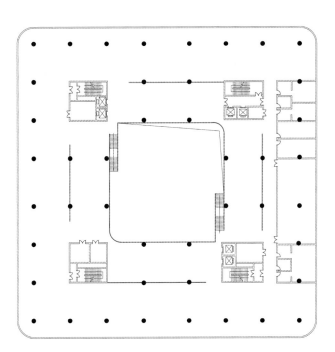

北京建筑大学图书馆

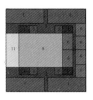

1层

2~4层

5层

1层

2~4层

5层

1层

2~4层

5层

| 1 楼电梯 | 2 走廊 | 3 辅助 | 4 会议 | 5 餐饮 | 6 茶室休息 | 7 办公 | 8 客房 | 9 宴会厅 | 10 厨房 | 11 阅览 | 12 门厅 | 13 中庭 |

参照组

参照组是典型的图书馆建筑功能空间组织模式，中庭作为图书馆的核心空间，垂直交通辅助空间位于中庭四角，一层为报告厅和办公区，二层至四层为开架阅览空间，五层为研修和办公空间。从剖面上分析，核心为纵向贯通式中庭，中部为垂直交通空间，外侧为开放阅览空间与办公研修空间的组合。

交通空间优化组

交通空间优化组模型与参照组相比，在保证其他功能空间的位置和面积基本不发生变化的情况下，改变单一变量，使交通空间的位置置换，将性能要求较低的交通辅助空间置于整个建筑形体的平面四角处。从剖面上分析，核心为纵向贯通式中庭，中部为开放式阅览空间，外侧为垂直交通空间与办公研修空间的组合。

中庭错层优化组

中庭错层优化组与参照组相比，在保证其他功能空间的位置和面积基本不发生变化的情况下，改变单一变量，将四层和五层通高中庭的位置置于西侧。从剖面上分析，核心为纵向局部错层式中庭，中部为垂直交通空间，外侧为开放阅览空间与办公研修空间的组合。

（二）并列式"C"形

大空间错层

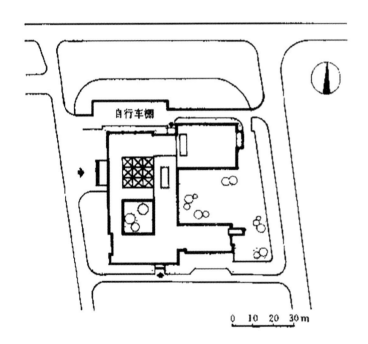

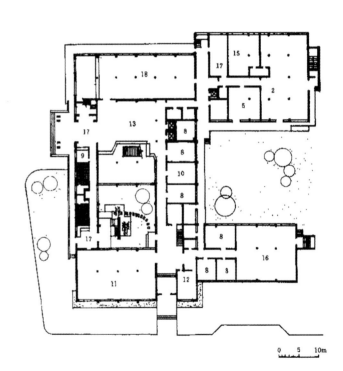

复旦大学图书馆

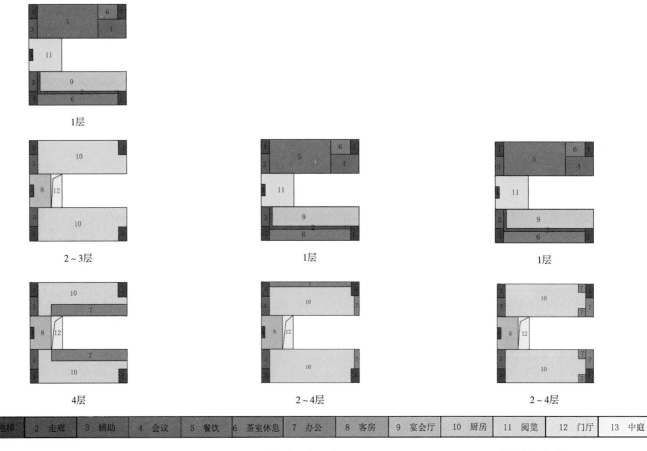

1 楼电梯	2 走廊	3 辅助	4 会议	5 餐饮	6 茶室休息	7 办公	8 客房	9 宴会厅	10 厨房	11 阅览	12 门厅	13 中庭

参照组

　　参照组是图书馆建筑典型的并列式功能空间组织模式，入口空间结合半开放式院落空间位于建筑中心，一层为报告厅、展厅、密集书库和办公区，二层至四层为开架阅览空间和研修空间。顶层的阅览空间位于南北两翼的外侧，研修空间位于南北两翼的内侧。

北侧缓冲优化组

　　北侧缓冲优化组与参照组相比，在保持建筑主体功能不变的前提下，将高能耗需求的大空间，如阅览空间尽量放在南北两翼的南侧，争取更大的南向面积，以利于天然光的采集利用，将能耗需求较低的小空间如研修空间放在北侧，作为抵挡冬季寒冷天气的室内外缓冲空间。

东侧缓冲优化组

　　东侧缓冲优化组与参照组相比，在保持建筑主体功能不变的前提下，将研修空间划分为多个小空间置于东侧，在减少东向不利因素的同时，保证阅览空间合理的进深尺度，利于双向采光与自然通风。

2.2.3 模拟与结论

（一）集中式
临近气候边界、大空间错层

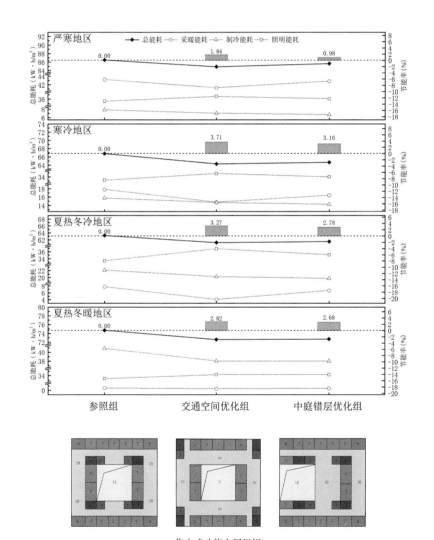

集中式功能空间组织

经模拟，能耗结果显示：

（1）各气候区将交通辅助空间置于建筑各平面四角，在建筑与外界环境的边界处起到缓冲空间的作用，虽单位面积照明能耗增加，但单位面积采暖和制冷能耗显著降低，综合分析，单位面积总能耗均下降，对于能耗有积极影响。

（2）各气候区高大通高中庭空间对图书馆建筑整体节能不利，通过中庭错层，即不同楼层局部错位布置也均能起到降低采暖与制冷能耗的效果，从而实现节能。

由此得出图书馆建筑内部功能空间组织的节能优化建议：

（1）在方案设计阶段，可将低性能空间，如交通辅助空间，置于建筑边界处，以形成缓冲空间，从而缓解外部环境对内部空间的不利影响。

（2）在四个气候区中，均可以考虑将中庭局部错层，不仅有利于建筑总体能耗的降低，同时有利于剖面与空间的多样化。

（二）并列式

临近气候边界

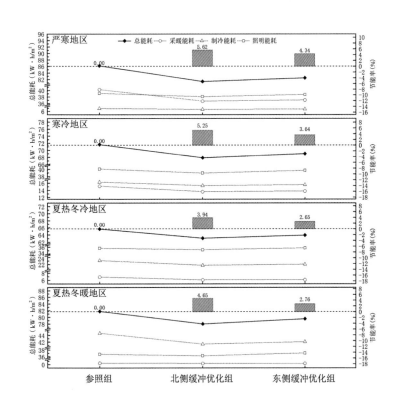

经模拟，能耗结果显示：

（1）北侧缓冲优化组中，将研修空间放在北侧，在严寒和寒冷地区可以降低更多的采暖能耗，在夏热冬冷和夏热冬暖地区可以降低更多的制冷能耗，同时为阅览空间争取到了更大的南向面积，降低了照明能耗。

（2）东侧缓冲优化组中，将研修空间等置于东侧，同样可以降低采暖与制冷能耗，但是降低照明能耗的效果不如采暖与制冷显著。

由此得出图书馆建筑内部功能空间组织的节能优化建议：

将研修空间放在建筑边界处作为室外缓冲空间，可以减少室外气候不利影响。从四个气候区整体来看，缓冲空间均为放在北侧的效果更佳。

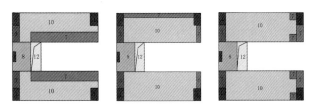

并列式功能空间组织

2.2.4 窗墙比对空间组织能耗的影响

考虑到实际调研案例中围护结构窗墙比表现出的显著差异，以及窗墙比可通过显著影响建筑得热、传热、蓄热与散热属性，改变图书馆建筑不同空间组织方案的绿色节能潜力。本研究就不同窗墙比对图书馆建筑功能空间组织模式的节能效果影响进行了深入研究。

《公共建筑节能设计标准》GB 50189—2015考虑到我国大量公共建筑采用了玻璃幕墙等较大窗墙比立面形式，为减少权衡判断，提升设计效率，已取消了2005年版标准对于建筑各朝向的窗（包括透明幕墙）墙面积比均不应大于0.70的强制性条文规定。而基于调研发现，大量图书馆建筑案例窗墙比集中于0.3～0.7的取值范围，同时部分案例集中选用了以玻璃幕墙为代表的更高窗墙比立面。本研究针对图书馆建筑的内部空间组织优化设计，选取了0.1～0.9区段，以0.2为步长的窗墙比变量范围，对集中式和并列式"C"形图书馆建筑的功能空间组织进行进一步细化研究。

研究尝试通过探究连续变化的窗墙比下，图书馆建筑不同功能空间组织方案的节能效果潜力，进而揭示不同窗墙比设置时，特定气候区的适宜功能空间组织方案。

2.2.5　模拟与结论

（一）集中式
临近气候边界、大空间错层

气候区

总能耗与窗墙比关系

照明能耗与窗墙比关系

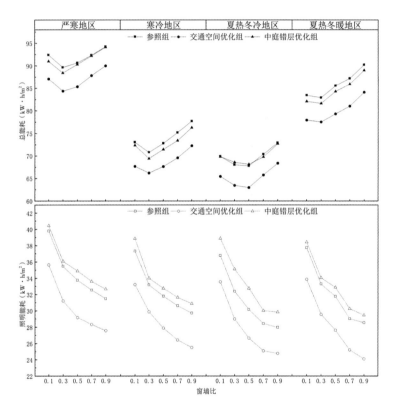

经模拟，能耗结果显示：

（1）在所研究的四个气候区，三种组织模式的单位面积总能耗随着窗墙比的增加，均呈现先降低后升高的趋势。在严寒、寒冷和夏热冬暖气候区，当窗墙比为中等偏小时（0.3），单位面积总能耗最低。在夏热冬冷气候区，当窗墙比适中时（0.5），单位面积总能耗最低。

（2）在所研究的四个气候区，三种组织模式的单位面积照明能耗随着窗墙比的增加，均呈现逐渐降低的趋势，且单位面积照明能耗均在窗墙比较小时，降低趋势较为显著；在窗墙比较大时，降低趋势略为平缓。

（3）在所研究的四个气候区，三种组织模式的单位面积制冷能耗随着窗墙比的增加，均呈现逐渐均匀升高的趋势。

气候区

采暖能耗与窗墙比关系

制冷能耗与窗墙比关系

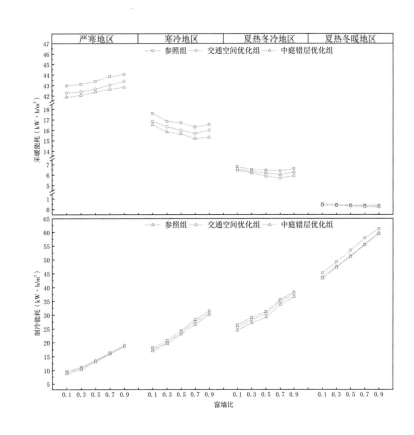

（4）在严寒气候区，随着窗墙比的增大，三种组织模式的单位面积采暖能耗呈现逐渐升高的趋势，且升高趋势较为平缓。在寒冷、夏热冬冷和夏热冬暖气候区，随着窗墙比的增大，单位面积采暖能耗呈现逐渐降低的趋势，且降低趋势较为平缓。

由此得出不同窗墙比下功能空间组织的节能优化建议：

在严寒、寒冷和夏热冬暖气候区，集中式布局的图书馆可优先考虑将窗墙比设置在较小（0.3左右）的范围内，在夏热冬冷气候区，则可优先考虑将窗墙比设置在适中（0.5左右）的范围内，以达到绿色节能目标。

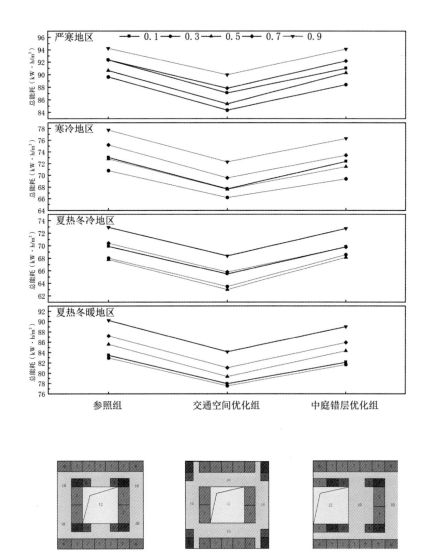

集中式功能空间组织

经模拟，能耗结果显示：

（1）在四个气候区的所有窗墙比的情况下，单位面积总能耗均为参照组＞中庭错层优化组＞交通空间优化组集中式。

（2）在四个气候区的所有窗墙比下，中庭错层优化组与参照组相比单位面积总能耗只有微弱降低，而交通空间优化组集中式与参照组相比，单位面积总能耗显著降低。

由此得出不同窗墙比下功能空间组织的节能优化建议：

在四个气候区的所有窗墙比下，集中式图书馆均可考虑将交通空间置于建筑平面四角的布局形式，同时也可采用中庭局部错层的布置形式，既有利于建筑能耗的降低，又可以增加建筑剖面的空间形态。

（二）并列式

临近气候边界

气候区

总能耗与窗墙比关系

照明能耗与窗墙比关系

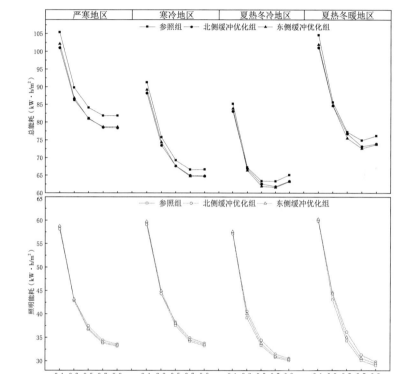

经模拟，能耗结果显示：

（1）在四个气候区中，各方案单位面积总能耗均随窗墙比增加，呈现先降低后升高的趋势。具体来说，在各气候区，三种方案的照明能耗在窗墙比较小时（0.1～0.3），均随窗墙比的增大急剧下降，当窗墙比适中（0.3～0.5）时，下降趋势有所缓和，并在窗墙比较大（0.7～0.9）时，趋于平缓或开始升高。

（2）在四个气候区中，各方案采暖能耗在窗墙比较小时（0.1～0.3），均随着窗墙比的增加略有增加，当窗墙比适中或较大（大于0.3）时，三种方案的采暖能耗呈下降趋势。

（3）与采暖能耗的变化趋势完全相反，各方案的制冷能耗均随窗墙比的增大先降低后升高。

气候区

采暖能耗与窗墙比关系

制冷能耗与窗墙比关系

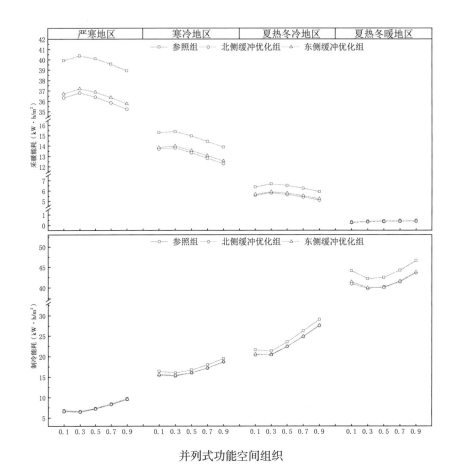

并列式功能空间组织

由此得出不同窗墙比下功能空间组织的节能优化建议：

（1）对并列式图书馆建筑而言，由于三个对比方案之间窗墙比的改变，能耗变化并无显著差异。

（2）在各气候区，并列式布局的图书馆均可优先考虑设置较大的窗墙比（＞0.5），但夏热冬冷、夏热冬暖气候区需注意避免过大（＞0.7）的窗墙比。

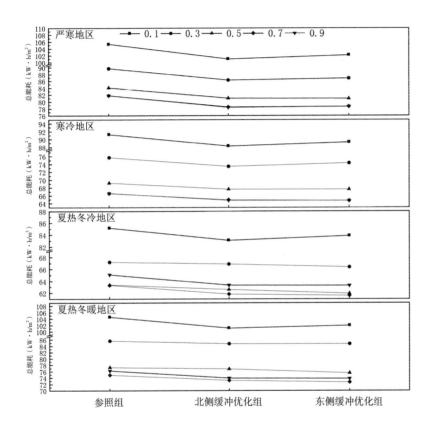

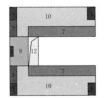 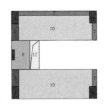 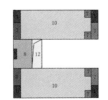

功能空间组织

经模拟，能耗结果显示：

（1）在严寒和寒冷气候区，窗墙比适中（0.5）时，低能耗小空间放在建筑北侧或东侧时，建筑总能耗差距不大，窗墙比为其他情况时，低能耗小空间放在建筑北侧总能耗较低。

（2）在夏热冬冷和夏热冬暖气候区，在窗墙比较小（小于0.3）时，低能耗小空间置于建筑北侧总能耗较低，随着窗墙比增大（0.5～0.7），则置于建筑东侧总能耗较低。

由此得出不同窗墙比下功能空间组织的节能优化建议：

（1）在严寒和寒冷地区，在不同窗墙比时均建议将高能耗的大空间，如阅览空间尽量放在南北两翼的南侧，争取更大的南向面积，以利于天然光的光热利用，将低能耗小空间，如研修空间放在北侧，作为抵挡气候侵入的缓冲空间。

（2）在夏热冬冷地区和夏热冬暖地区，除非窗墙比很小（0.1），否则建议尽可能将低能耗小空间，如研修空间放在建筑东侧以降低建筑总能耗。

2.2.6　光环境模拟与结论

sDA$_{300/50\%}$

严寒地区18.8% in Range	21.7% in Range	20.6% in Range
寒冷地区16.9% in Range	19.8% in Range	18.6% in Range
夏热冬冷地区21.3% in Range	24.5% in Range	22.7% in Range
夏热冬暖地区18.3% in Range	21.4% in Range	19.5% in Range
参照组	交通空间优化组	中庭错层优化组

集中式功能空间组织

　　模拟结果显示：

　　（1）在四个气候区中，光照强度状况差异总体相似，都表现为交通空间优化组总体采光最强，参照组最弱。

　　（2）相较于夏热冬冷、夏热冬暖气候区，严寒、寒冷地区采用中庭错层提升采光水平的效果更好，这可能与代表城市太阳高度角与日照时数相关。

　　由此得出图书馆建筑功能空间组织的采光优化建议：

　　在各气候区均可考虑选用交通空间优化组获得较好的采光水平，严寒、寒冷地区可酌情考虑中庭错层优化。

$UDI_{100lx < E < 2000lx}$

严寒地区22.6% in Range　　26.3% in Range　　24.5% in Range

寒冷地区22.4% in Range　　26.5% in Range　　27.3% in Range

夏热冬冷地区24.4% in Range　　29.3% in Range　　25.8% in Range

夏热冬暖地区24.3% in Range　　28.4% in Range　　25.8% in Range

参照组　　　　　交通空间优化组　　　中庭错层优化组

集中式功能空间组织

模拟结果显示：
（1）在四个气候区中，光照质量状况差异总体相似，都表现为交通空间优化组总体采光质量最高，参照组最低。
（2）相较于夏热冬冷、夏热冬暖气候区，严寒地区，寒冷地区采用中庭错层提升采光质量的效果甚至优于采光强度。
由此得出图书馆建筑功能空间组织的采光优化建议：
在各气候区均可考虑选用交通空间优化组获得较好的采光质量，北方严寒寒冷地区建议考虑中庭错层优化。

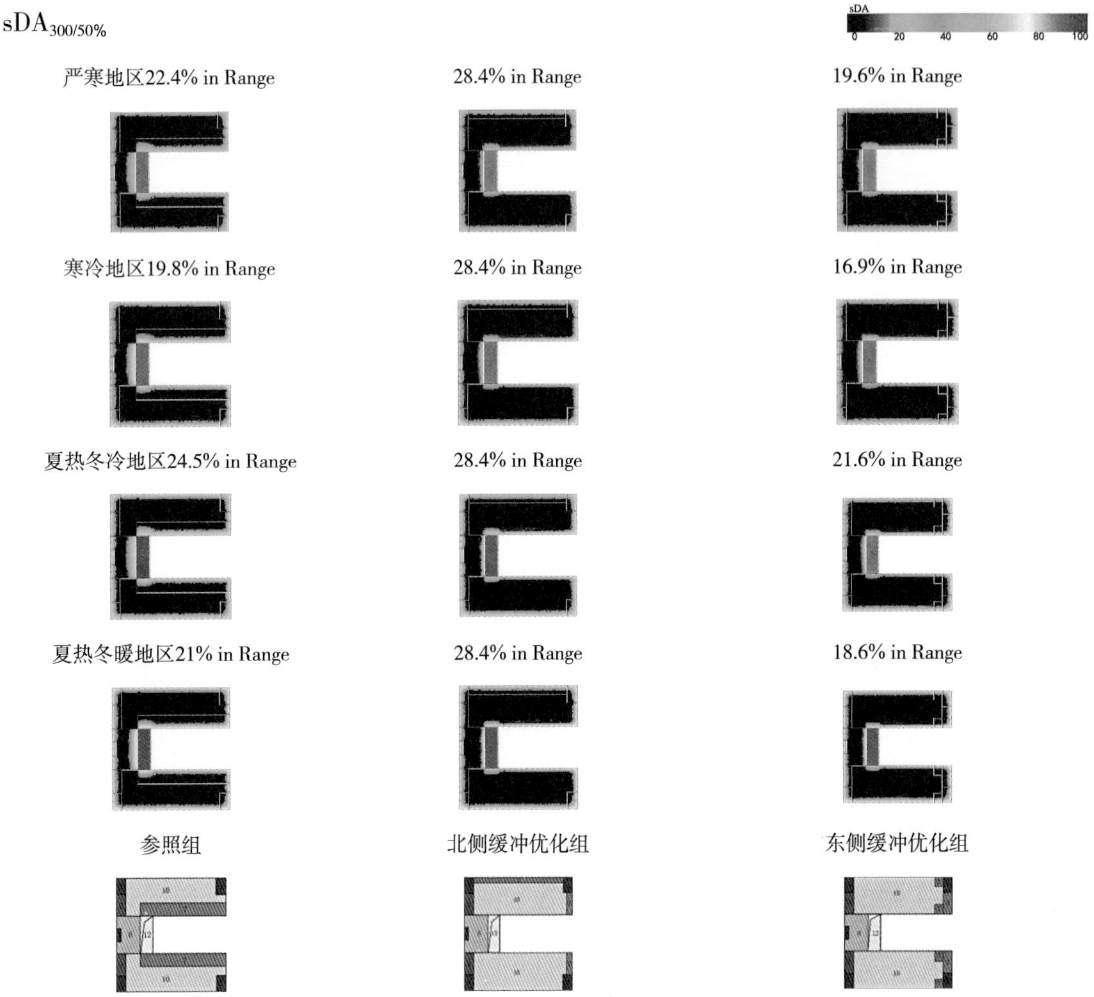

$sDA_{300/50\%}$

严寒地区22.4% in Range	28.4% in Range	19.6% in Range
寒冷地区19.8% in Range	28.4% in Range	16.9% in Range
夏热冬冷地区24.5% in Range	28.4% in Range	21.6% in Range
夏热冬暖地区21% in Range	28.4% in Range	18.6% in Range
参照组	北侧缓冲优化组	东侧缓冲优化组

并列式功能空间组织

模拟结果显示：

在四个气候区中，光照强度状况差异总体相似，都表现为北侧缓冲组总体采光最强，参照组次之，东侧缓冲组相对不足，但夏热冬冷地区的差异相对较小，严寒和夏热冬冷地区相对采光水平更高，这可能与代表城市太阳高度角与日照时数相关。

由此得出图书馆建筑功能空间组织的采光优化建议：

在各气候区均可考虑选用北侧缓冲组获得更大的南向阅览面积，以实现较好的采光水平；夏热冬冷地区相对具有更多设计自由。

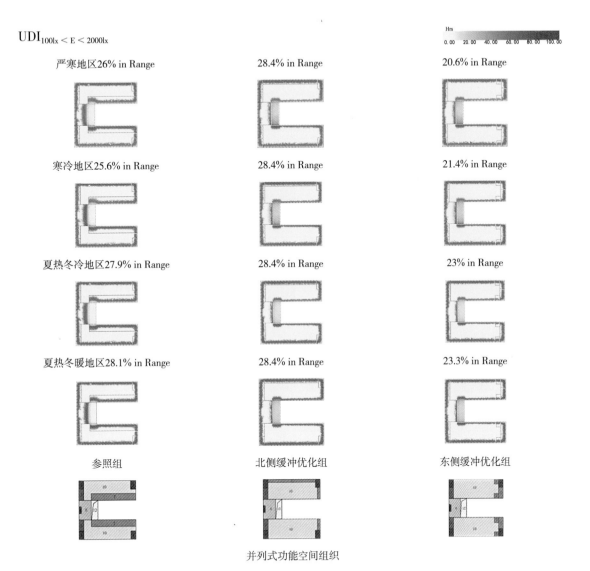

$UDI_{100lx < E < 2000lx}$

严寒地区26% in Range　28.4% in Range　20.6% in Range

寒冷地区25.6% in Range　28.4% in Range　21.4% in Range

夏热冬冷地区27.9% in Range　28.4% in Range　23% in Range

夏热冬暖地区28.1% in Range　28.4% in Range　23.3% in Range

参照组　北侧缓冲优化组　东侧缓冲优化组

并列式功能空间组织

模拟结果显示：

在四个气候区中，光照质量状况差异总体相似，都表现为北侧缓冲组总体采光质量最佳，参照组次之，东侧缓冲组相对不足，但夏热冬冷地区的差异相对较小。严寒和夏热冬冷地区相对采光水平更高，这可能与代表城市太阳高度角与日照时数相关。

由此得出图书馆建筑功能空间组织的采光优化建议：

在各气候区均可考虑选用北侧缓冲组以实现较好的采光质量；夏热冬冷地区相对具有更多设计自由。

2.2.7　热舒适模拟与结论

（一）集中式

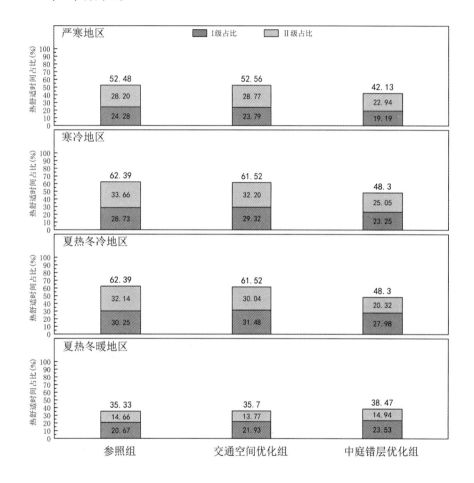

经模拟，热舒适结果显示：

（1）严寒、寒冷、夏热冬冷地区参照组即普通中心式热舒适状况较优，中庭错层优化组则相对较差。

（2）夏热冬暖气候区各组间差异不大。

由此得出图书馆建筑功能空间组织的热舒适优化建议：

（1）严寒、寒冷、夏热冬冷地区宜选择普通中心式。

（2）夏热冬暖气候区设计相对自由。

集中式功能空间组织

（二）并列式

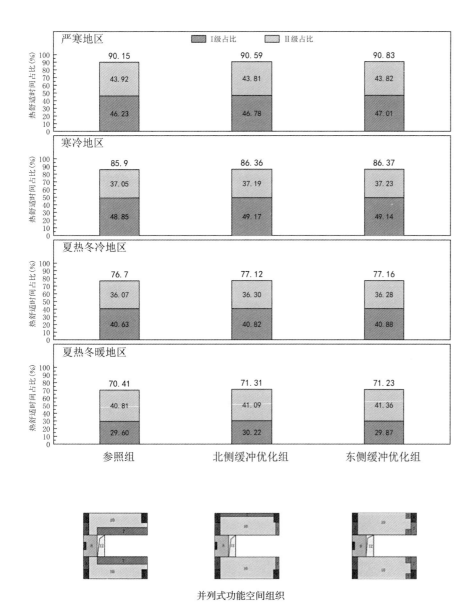

并列式功能空间组织

经模拟，能耗结果显示：

各气候区各设置组间差别不大。

由此得出图书馆建筑功能空间组织的热舒适优化建议：

在各气候区均具有较大设计自由，可综合造型设计、功能组合等因素，权衡利弊。

2.3　图书馆建筑典型单一空间形态绿色设计

　　研究基于11层（高层）和6层（多层）集中式图书馆建筑典型模型为例，从体量、体态、布局以及边界等方面来视情况讨论不同形式的高层中庭和开放式阅览空间对建筑绿色能耗的影响。

　　由于本研究中就典型单一空间主要针对创作设计中较为关注的、对能耗性能有关键影响的普通性能缓冲空间，而此类空间一般不是为建筑光环境与热舒适性能最为关注的部分，且限于篇幅，本研究针对选择的代表性典型单一缓冲空间主要开展了其绿色节能性能表现的相关研究，不再对其光环境与热舒适性能开展相关研究。

2.3.1　中庭空间调研与整理

　　阅览和中庭空间均为图书馆建筑中占比较大的主要空间。中庭空间的设计和使用在图书馆建筑中普遍存在。中庭空间的引入使高层图书馆的空间变得更加灵动，也使高层图书馆的内部空间变得更加明亮、更加开敞，还可以将交通流线和功能空间灵活连通，并且通过自身形态设计，可以结合室内绿化、多样化藏阅家具、各种公共楼梯形式来巧妙布置，使得整个高层阅览环境呈现出吸引人的读书和交往氛围，空间品质得到极大改善，且更加人性化。长久以来，我国图书馆不论是新馆建设还是旧馆的改扩建工程中，都存在着高层图书馆的实例。高层图书馆的存在，客观顺应了图书馆规模扩大、体现标志性建筑等规划设计的要求。由于高层建筑纵向堆叠的空间特征，中庭的形成相比于多层建筑有着不同的布局手段。高层图书馆因其高度原因，其中庭空间一般不宜设计为上下完全贯通的空间，一般而言，过高的空间缺乏足够的亲和力，且存在不利的空间隐患。此时可以考虑分段设计，通过改变完全贯通的空间形式，达到丰富空间组织的效果。

2.3.2 中庭空间原型与分析

1. 空间体量

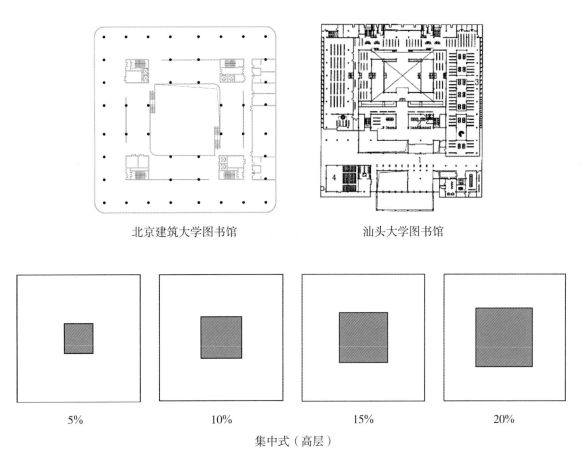

北京建筑大学图书馆   汕头大学图书馆

| 5% | 10% | 15% | 20% |

集中式（高层）

中庭空间平面占比

根据文献查阅和案例调研情况，将图书馆的中庭占比的范围区间定为5%~20%，步长为5%，在建筑平面尺寸保持相同的情况下依次模拟5%、10%、15%、20%的占比情况，并以中庭面积占比为5%的情况为对照，计算各组总能耗的节能率。

2. 空间体态

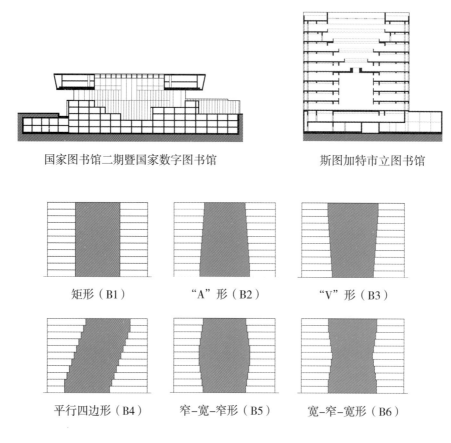

国家图书馆二期暨国家数字图书馆　　　　　　斯图加特市立图书馆

矩形（B1）　　　　"A"形（B2）　　　　"V"形（B3）

平行四边形（B4）　　　　窄–宽–窄形（B5）　　　　宽–窄–宽形（B6）

集中式（高层）

中庭空间剖面形状

　　保持中庭空间体积相同，将中庭空间剖面形状分为矩形、"A"形（上窄下宽）、"V"形（上宽下窄）、平行四边形、窄–宽–窄形和宽–窄–宽形来依次进行模拟和分析，并以中庭剖面形状为矩形的情况为对照，计算中庭不同剖面形状下的总能耗节能率。

3. 空间边界

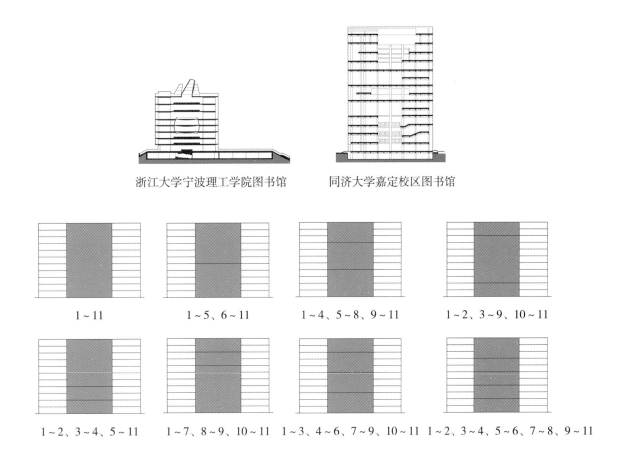

浙江大学宁波理工学院图书馆　　　　同济大学嘉定校区图书馆

1 ~ 11　　　1 ~ 5、6 ~ 11　　　1 ~ 4、5 ~ 8、9 ~ 11　　　1 ~ 2、3 ~ 9、10 ~ 11

1 ~ 2、3 ~ 4、5 ~ 11　　1 ~ 7、8 ~ 9、10 ~ 11　　1 ~ 3、4 ~ 6、7 ~ 9、10 ~ 11　　1 ~ 2、3 ~ 4、5 ~ 6、7 ~ 8、9 ~ 11

集中式（高层）

中庭空间垂直分层

　　高层图书馆因为其高度的增加，在设置时应注意尺度比例和细节上的控制，而在多层图书馆中，常见的上下贯通的中庭空间被分段设置。针对高层图书馆这一特点，在保持中庭空间平面尺寸不变的情况下，对中庭空间进行垂直方向的划分，并对中庭剖面不同的竖向分割做能耗模拟与分析。

2.3.3 阅览空间调研与整理

与此同时，占据图书馆主要空间比例的阅览空间，也逐步从开间式向开放式发展，作为图书馆中主要的设计关注点与能耗承载空间，开放式阅览空间渐趋流行，因其具有较高物理指标要求，能耗占比较大，因此本研究的能耗性能模拟验证同样选取开放式阅览空间作为研究对象。

图书馆的阅览区作为整个图书馆建筑的主要功能空间，承担阅读、交流等重要的职能。历史较为久远的图书馆阅览区主要是封闭的单一空间，而现代图书馆的阅览区则倾向于开敞的复合空间，集阅、藏、借为一体，为读者提供多种选择性。在平面设计上，阅览区应注意可达性，并且应与密集书库有便捷的流线组织。在体量设计上，阅览空间应有较大的灵活性，适应开架阅览和功能变化的需要。

随着时代的发展、科技的进步，以及人们对图书馆服务观念的转变，现代图书馆阅览空间呈现出多样化的功能需求，除了满足正常的阅览需求外，在心理和精神层面上对阅览区的空间形体变化也有了较高的追求。图书馆阅览空间的布局与设计应充分考虑不同阅览空间的功能需求，多样性的功能需求主要来自资源、读者和服务三个层面。与以往相比，在满足大空间的公共性的同时，也需要考虑私密性与独立的阅览需求。阅览空间作为图书馆的核心功能区，其中的使用者行为模式不只局限于个体学习，也可以是以学习为目的的群体交流。因此，近些年来具有交流性阅览空间的图书馆被广泛关注。随着人们思想观念的不断改变，图书馆的服务功能逐渐变得多样化、多元化，在设计中也为建筑师提供了更开放的设计思维。

2.3.4 阅览空间原型与分析

1．空间体量	**2．空间布局**	**3．空间边界**

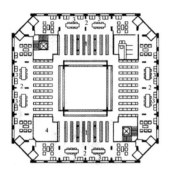

美国埃克斯特学院图书馆

北京建筑大学图书馆

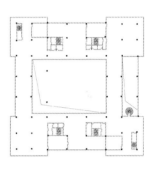

成都理工大学图书馆

北京建筑大学图书馆

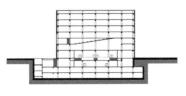

清华大学法学院图书馆

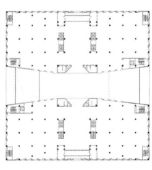

东北大学浑南校区图书馆

全阅览

阅览 + 走廊

阅览 + 公共活动

集中式（多层）

阅览空间体量模式

经查阅相关文献和有关规范得知，阅览空间在整个图书馆建筑中的体量占比对建筑的能耗有着显著的影响，不仅因为阅览区空间对采光的严格要求，同时也因为阅览区空间对热舒适环境的高标准控制。根据实际案例的分析，结合功能分区的需求，归纳出三种不同的体量模式：全阅览空间、阅览空间 + 走廊空间、阅览空间 + 公共活动空间三种模式。即通过控制阅览区空间面积的变化，来间接改变其体量变化，从而探求阅览空间在体量上的能耗变化规律。

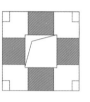

四边式

南北式

东西式

集中式（多层）

阅览空间布局模式

根据现有案例和相关文献的查阅，总结归纳出阅览空间在整个图书馆建筑中的分布模式，在控制阅览空间面积一致的前提下，大致分为三种样式：四边式、东西式和南北式。

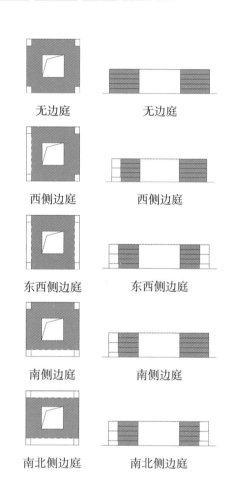

无边庭　　　无边庭

西侧边庭　　西侧边庭

东西侧边庭　东西侧边庭

南侧边庭　　南侧边庭

南北侧边庭　南北侧边庭

集中式（多层）

阅览空间边界模式

通过研究相关案例与分析，在图书馆建筑中，内部除中庭外的通高开放空间的布局与位置对其内部的阅览区空间的能耗有着直接的影响。经归纳与整理，将边庭空间分为五种模式：无边庭、西侧边庭、东西侧边庭、南侧边庭和南北侧边庭的模式。

2.3.5 模拟与结论

（一）集中式（高层）

1. 空间体量

中庭面积占比

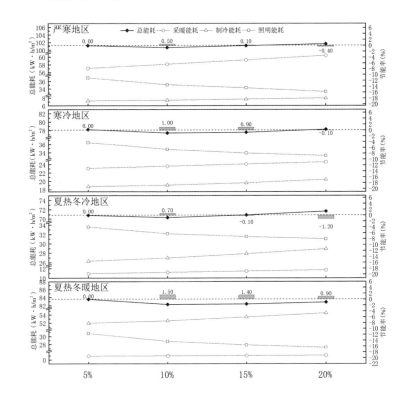

经模拟，能耗结果显示：

（1）总体来看，各气候区单位面积能耗均随中庭面积增长而增长，但中庭面积很小时，照明能耗较高。

（2）随着中庭面积占比的增大，四个气候区对应中庭的天窗采光面积也不断增大，周边阅览区的进深也随之减小，建筑能够获得更多的自然采光，从而节约了照明能耗，使照明能耗随中庭面积占比的增大而呈下降趋势。

（3）在本研究范围内，随着中庭面积占比的增大，四个气候区的采暖能耗和制冷能耗也随之增大，制冷能耗和采暖能耗的总和呈上升趋势。

由此得出关于图书馆建筑中庭空间设置的节能优化建议：

（1）各气候区建议选择较小中庭，但需注意中庭面积不可过小，以防止照明能耗显著增加。

（2）高中庭相较于普通中庭，因层数和总高度原因，在设置中庭面积占比时，仍能体现采光增益，而有效补偿其采暖或制冷带来的损失，故在各气候区享有更大的设计自由。

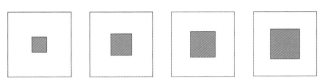

中庭平面占比

2. 空间体态

中庭剖面形状

经模拟，能耗结果显示：

（1）不同的中庭剖面形状对高层图书馆的照明能耗影响并不显著。

（2）严寒和寒冷地区的总能耗和各分项能耗与中庭剖面形状的关系趋势大致相同，且严寒地区与其相关性更加明显；夏热冬冷地区和夏热冬暖地区的总能耗和各分项能耗与中庭剖面形状的关系趋势大致相同，且夏热冬暖地区与其相关性更加明显。

（3）在严寒、寒冷地区，宽-窄-宽类型的中庭建筑总体能耗较低且节能率相对较高。

（4）在夏热冬冷和夏热冬暖地区，矩形类型的中庭建筑总体能耗较低。

由此得出关于图书馆建筑中庭剖面形状设置的节能优化建议：

（1）建议在严寒、寒冷地区进行高层图书馆建筑的中庭空间设计时，中庭剖面形状宜采用宽-窄-宽类型。

（2）建议在夏热冬冷、夏热冬暖地区进行高层图书馆的中庭设计时，宜采用矩形中庭。

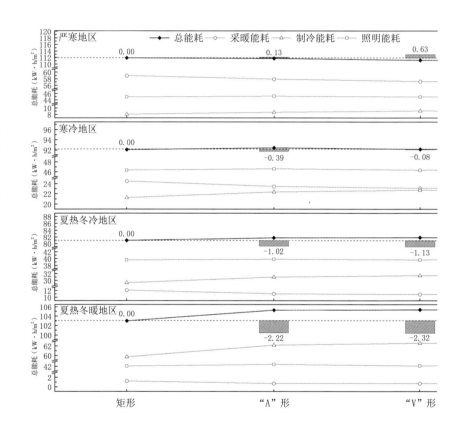

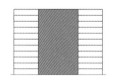 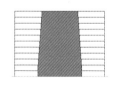 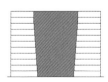

中庭空间剖面形状

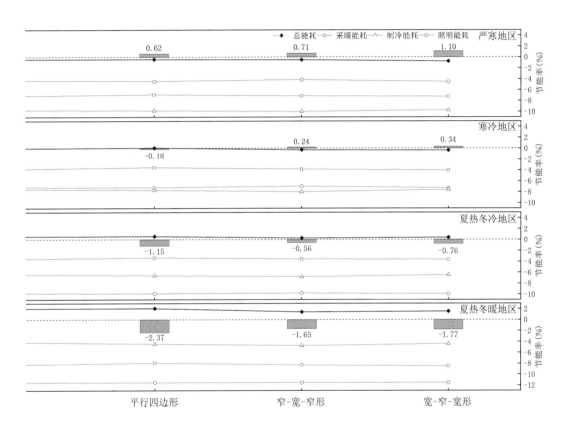

中庭空间剖面形状

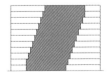 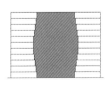 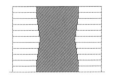

3. 空间边界

垂直分层

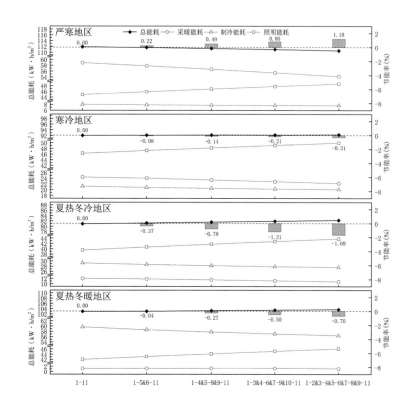

经模拟，能耗结果显示：

（1）在各气候区，照明能耗均随分段数的增多而增大。

（2）在各气候区，采暖能耗和制冷能耗均随分段数的增多而降低。

（3）在严寒地区，中庭分段越多，建筑总体能耗趋势相对越低。

（4）在寒冷、夏热冬冷、夏热冬暖地区，中庭分段越多，建筑总体能耗趋势相对升高；但寒冷地区建筑总能耗与分段数相关性较弱。

由此得出图书馆建筑中庭垂直分段设置的节能优化建议：

（1）在严寒地区进行高层图书馆建筑的中庭空间分段设计时，可考虑将通高中庭分段布置，以降低能耗。

（2）夏热冬冷、夏热冬暖地区可考虑对中庭作一定程度的分段设置。

（3）寒冷地区针对中庭分段享有更多的设计自由。

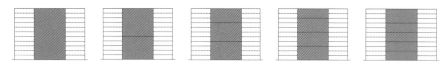

中庭空间垂直分层

（二）集中式（多层）

1. 空间体量

阅览空间体量模式

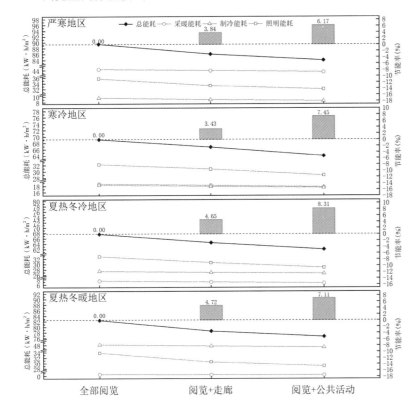

经模拟，能耗结果显示：

（1）阅览空间的平面面积占比对建筑整体能耗有着较为显著的影响。当体量形式为阅览空间与公共活动空间相结合，建筑总能耗最低。当体量形式为全阅览空间时，建筑总能耗最高。

（2）在各气候区，体量形式为阅览空间与公共活动空间相结合的情况下，虽其单位面积采暖制冷能耗的降低效果不显著，但其照明能耗降低趋势较为明显。

由此得出关于图书馆建筑阅览空间体量设置的节能优化建议：

在绿色图书馆建筑设计中，宜避免单一化的阅览空间，应结合不同气候区的主要能耗影响因素，可优先考虑将阅览空间与交通空间、公共活动空间等相结合的组织模式，有利于降低建筑整体能耗。

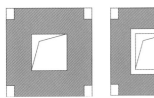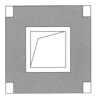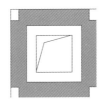

阅览空间体量模式

2. 空间布局
阅览空间布局模式

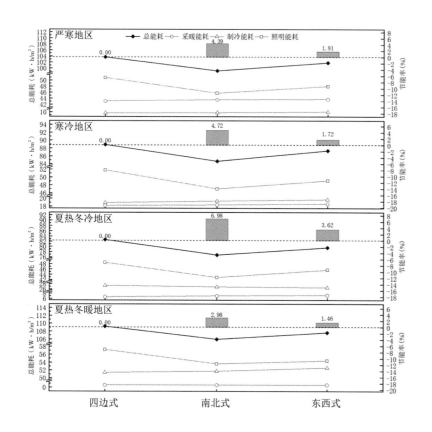

经模拟，能耗结果显示：

（1）在各气候区，阅览空间为南北式的分布模式时，能耗最低，虽单位面积制冷和采暖能耗相对于其他两组变化不大，但其单位面积照明能耗的降低较为明显，因此单位面积总能耗最低，节能率最高。

（2）在夏热冬冷地区，阅览空间为南北式的节能效率较其他三个气候区更高，因此在夏热冬冷地区的南北式分布具有较大的节能潜力。

由此得出关于图书馆阅览空间分布的节能优化建议：

（1）不同气候区在绿色图书馆建筑设计中，应优先考虑将阅览空间南北向布置。

（2）相较于其他地区，夏热冬暖地区阅览空间能耗与其空间分布模式相关性不显著，因而相对具有较大设计自由。

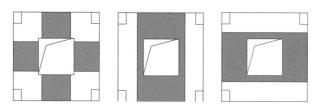

阅览空间布局模式

3. 空间边界
阅览空间边界模式

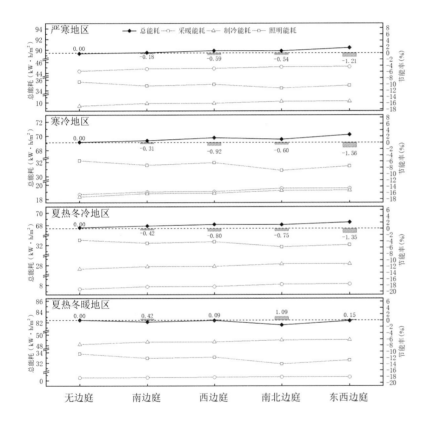

经模拟,能耗结果显示:

(1)在严寒、寒冷和夏热冬冷地区,无边庭的边界模式的能耗最低。在夏热冬暖地区,南北向设置边庭的边界模式能耗最低,无边庭设置的总能耗最高。

(2)在严寒、寒冷和夏热冬冷地区,从无边庭到东西侧设置边庭,能耗处于递增趋势,在东西侧均布置边庭时,建筑总能耗最高。

(3)在四个气候区中,南侧单边设置边庭比西侧单边设置边庭的总能耗低,南北侧设置边庭比东西侧设置边庭的能耗低。

由此得出关于图书馆阅览空间边界设置的节能优化建议:

(1)在绿色图书馆建筑设计中,当建筑项目位于严寒、寒冷和夏热冬冷地区时,边庭设置会对建筑能耗产生不利影响,当建筑项目位于夏热冬暖地区时,可优先考虑南北边庭设置的模式。

(2)在绿色图书馆建筑设计中,边庭设计可优先考虑南向边庭或南北向边庭与阅览空间相结合的设计模式,有利于建筑整体能耗的降低。

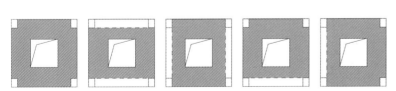

阅览空间边界模式

附录1 基于能耗的气候适应型典型空间模式图览

1-1 办公建筑

◆◇◇ 总能耗　●◐○ 采暖能耗　◆■ 较大　◇◐ 中等　◇○ 较小
■◨□ 照明能耗　▲▲△ 制冷能耗　■▲ 潜力　◨▲ 潜力　□△ 潜力

设计流程 \ 气候区 建议	严寒地区	寒冷地区	夏热冬冷地区	夏热冬暖地区
总体空间形式 — 示意图	板式	板式	板式　竖向叠加　水平延展	板式　竖向叠加　水平延展
总体空间形式 — 节能潜力（%）	10.86% ◆ >20% ■ 9.55% ●	14.72% ◆ >20% ■ 4.31% △ 10.98% ●	9.71% ◆ >20% ■ 4.05% △ 11.83% ●	13.32% ◆ >20% ■ 4.39% △
总体空间形式 — 设计建议	建议采用板式	建议采用板式	建议采用板式，亦可考虑竖向叠加式或水平延展式	建议采用板式，亦可考虑竖向叠加式或水平延展式

续表

设计流程		气候区 建议	严寒地区	寒冷地区	夏热冬冷地区	夏热冬暖地区
功能空间组织	竖向叠加式—核心筒位置	示意图				
		节能潜力（%）	◇ 0.30% ❘2.07%	◇ 1.08% ◧ 5.21%	◇ 0.94% ■2.84%	◆ 4.86% ◧ 14.60%　■
		设计建议	具有较大设计自由	建议将核心筒布置于中央	建议将核心筒布置于东侧	建议将核心筒布置于中央
	竖向叠加式—大小空间分布	示意图				
		节能潜力（%）	◈ 3.51% 14.00%　■ ❘0.54%	◆ 5.27% 14.60% 1.57% 5.27%	◈ 2.54% ■ 7.11% △ 0.90% ● 0.77%	◈ 2.79% ■ 6.80% △ 0.32% ○
		设计建议	建议设置大办公空间朝北	建议设置大办公空间朝北	建议设置大办公空间朝北或东，或结合实际权衡判断	建议设置大办公空间朝北或东，或结合实际权衡判断

续表

设计流程\气候区\建议		严寒地区	寒冷地区	夏热冬冷地区	夏热冬暖地区
功能空间组织	竖向叠加式—大小空间分布 示意图				
	节能潜力（%）	4.46%◈ 14.00%■ 0.68%	6.45%◆ 14.60%■ 2.27% 0.70%○	3.29%◈ 7.11%■ 0.92%△ 0.57%○	3.06%◈ 6.80%■ 0.42%△
	设计建议	建议设置大会议空间朝北	建议设置大会议空间朝北	建议设置大会议空间朝北	建议设置大会议空间朝北
	中央围合式—大小空间分布 示意图				
	节能潜力（%）	2.72%◈ 8.66%■	4.70%◈ 5.92%■ >20%▲ 3.18%	11.19%◆ 10.14%■ >20%▲ 6.60%◗	12.05%◆ 6.16%■ 16.36%▲
	设计建议	小空间在外侧更优，或结合实际权衡判断	小空间在外侧更优，或结合实际权衡判断	小空间在外侧更优	小空间在外侧更优

续表

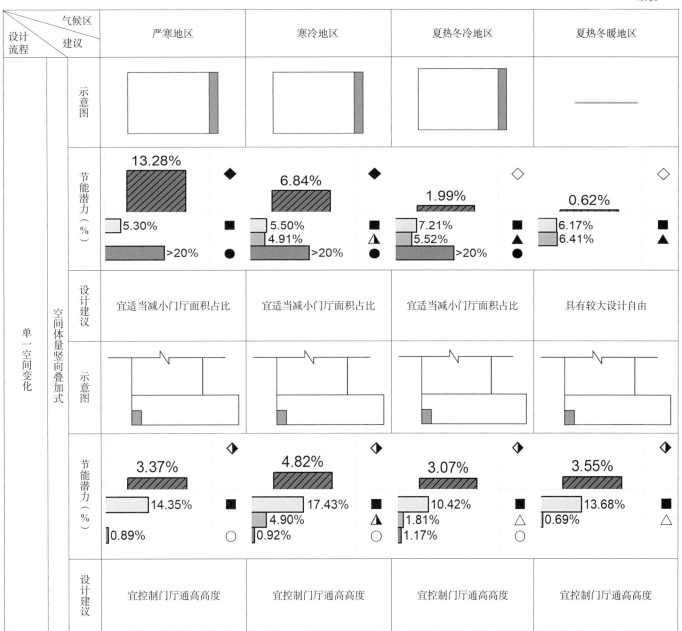

设计流程		气候区 建议	严寒地区	寒冷地区	夏热冬冷地区	夏热冬暖地区
单一空间变化	空间体量竖向叠加式	示意图				
		节能潜力（%）	13.28% ◆ 5.30% ■ 4.91% ▲ >20% ●	6.84% ◆ 5.50% ■ 4.91% ▲ >20% ●	1.99% ◇ 7.21% ■ 5.52% ▲ >20% ●	0.62% ◇ 6.17% ■ 6.41% ▲
		设计建议	宜适当减小门厅面积占比	宜适当减小门厅面积占比	宜适当减小门厅面积占比	具有较大设计自由
		示意图				
		节能潜力（%）	3.37% ◆ 14.35% ■ 0.89% ○	4.82% ◆ 17.43% ■ 4.90% ▲ 0.92% ○	3.07% ◆ 10.42% ■ 1.81% ▲ 1.17% ○	3.55% ◆ 13.68% ■ 0.69% △ ○
		设计建议	宜控制门厅通高高度	宜控制门厅通高高度	宜控制门厅通高高度	宜控制门厅通高高度

续表

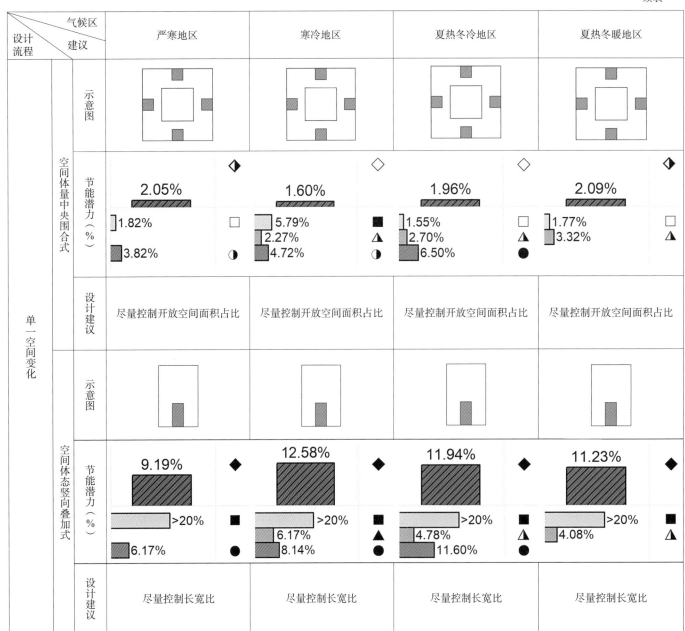

设计流程		气候区 建议	严寒地区	寒冷地区	夏热冬冷地区	夏热冬暖地区
单一空间变化	空间体量中央围合式	示意图				
		节能潜力（%）	2.05% ◐ 1.82% □ 3.82% ◑	1.60% ◇ □ 5.79% 2.27% ◑ 4.72%	1.96% ◇ ■ 1.55% ▲ 2.70% ● 6.50%	2.09% ◐ □ 1.77% 3.32% □ ▲
		设计建议	尽量控制开放空间面积占比	尽量控制开放空间面积占比	尽量控制开放空间面积占比	尽量控制开放空间面积占比
	空间体态竖向叠加式	示意图				
		节能潜力（%）	9.19% ◆ >20% ■ 6.17% ●	12.58% ◆ >20% ■ 6.17% ▲ 8.14% ●	11.94% ◆ >20% ■ 4.78% ▲ 11.60% ●	11.23% ◆ >20% ■ 4.08% ▲ ●
		设计建议	尽量控制长宽比	尽量控制长宽比	尽量控制长宽比	尽量控制长宽比

续表

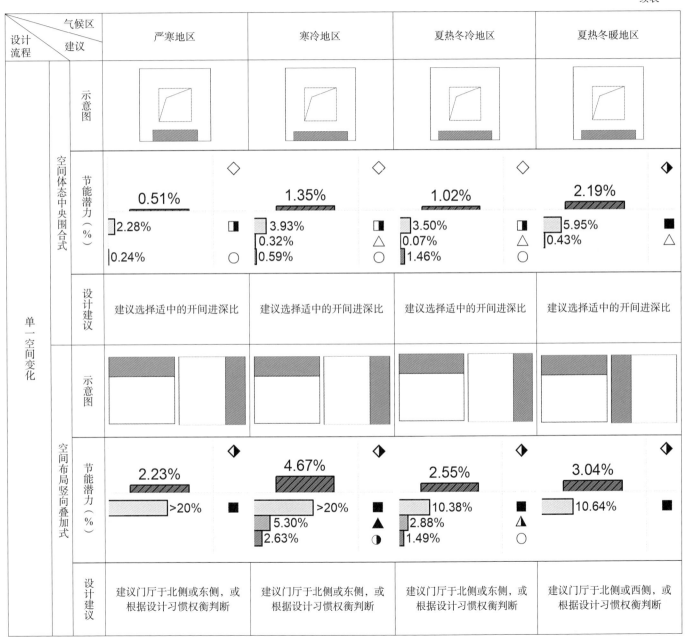

设计流程		气候区\建议	严寒地区	寒冷地区	夏热冬冷地区	夏热冬暖地区
单一空间变化	空间体态中央围合式	示意图				
		节能潜力（%）	◇ 0.51% 2.28% 0.24%	◇ 1.35% ◧ 3.93% 0.32% ○ 0.59%	◇ 1.02% ◧ 3.50% △ 0.07% ○ 1.46%	◆ 2.19% ■ 5.95% △ 0.43%
		设计建议	建议选择适中的开间进深比	建议选择适中的开间进深比	建议选择适中的开间进深比	建议选择适中的开间进深比
	空间布局竖向叠加式	示意图				
		节能潜力（%）	◆ 2.23% >20% 5.30% 2.63%	◆ 4.67% ■ >20% ▲ 5.30% ◑ 2.63%	◆ 2.55% ■ 10.38% ▲ 2.88% ○ 1.49%	◆ 3.04% ■ 10.64%
		设计建议	建议门厅于北侧或东侧，或根据设计习惯权衡判断	建议门厅于北侧或东侧，或根据设计习惯权衡判断	建议门厅于北侧或东侧，或根据设计习惯权衡判断	建议门厅于北侧或西侧，或根据设计习惯权衡判断

续表

设计流程	气候区 建议		严寒地区	寒冷地区	夏热冬冷地区	夏热冬暖地区
单一空间变化	空间布局中央围合式	示意图				
		节能潜力（%）	◇ 0.19%]0.66%	◇ 0.38% □]1.04%	◇ 0.39% □]1.28%	◇ 0.93% □]2.43% ▮
		设计建议	建议开放办公空间布置在东侧，或根据设计习惯权衡判断	建议开放办公空间布置在北侧或东侧，或根据设计习惯权衡判断	建议开放办公空间布置在北侧或东侧，或根据设计习惯权衡判断	建议开放办公空间布置在北侧或东侧，或根据设计习惯权衡判断

1-2 商业建筑

图例：◆◇◇ 总能耗　●◐○ 采暖能耗　◆■ 较大　◇◑ 中等　◇○ 较小
■◨□ 照明能耗　▲▲△ 制冷能耗　■▲ 潜力　◨◮ 潜力　□△ 潜力

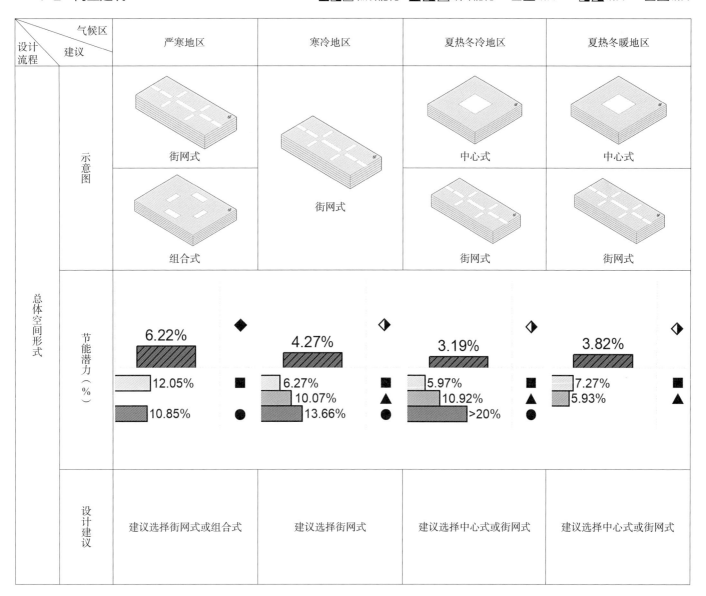

设计流程	气候区 / 建议	严寒地区	寒冷地区	夏热冬冷地区	夏热冬暖地区
总体空间形式	示意图	街网式 / 组合式	街网式	中心式 / 街网式	中心式 / 街网式
	节能潜力（%）	6.22%◆ 12.05%■ 10.85%●	4.27%◇ 6.27%■ 10.07%▲ 13.66%●	3.19%◑ 5.97%■ 10.92%▲ >20%●	3.82%◇ 7.27%■ 5.93%▲ ◑
	设计建议	建议选择街网式或组合式	建议选择街网式	建议选择中心式或街网式	建议选择中心式或街网式

续表

设计流程	建议 / 气候区	严寒地区	寒冷地区	夏热冬冷地区	夏热冬暖地区
功能空间组织	中心式 — 示意图				
	中心式 — 节能潜力(%)	◇ 0.50%　□ 0.69%　○ 0.56%	◇ 0.32%　□ 0.61%　△ 0.62%　○ 0.68%	◇ 0.37%　□ 0.36%　△ 0.65%　○ 0.45%	◇ 0.34%　□ 0.13%　△ 0.52%
	中心式 — 设计建议	有较大设计自由	有较大设计自由	有较大设计自由	有较大设计自由
	街网式 — 示意图				
	街网式 — 节能潜力(%)	◇ 0.38%　□ 0.89%	◇ 0.59%　□ 1.08%　△ 0.51%	◇ 0.29%　□ 0.40%	◇ 0.41%　□ 0.60%　△ 0.31%
	街网式 — 设计建议	有较大设计自由	有较大设计自由	有较大设计自由	有较大设计自由

续表

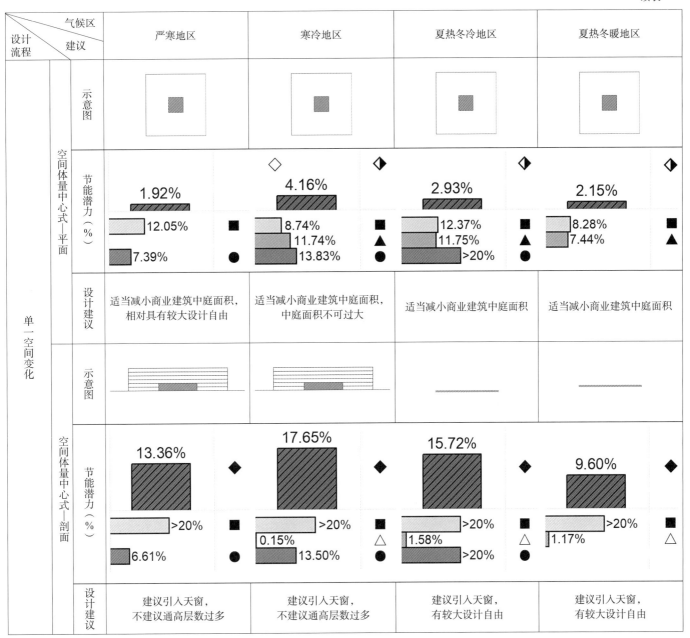

气候区 设计流程　建议		严寒地区	寒冷地区	夏热冬冷地区	夏热冬暖地区
单一空间变化	空间体量中心式—平面	示意图			
		节能潜力（%） 1.92% 12.05% ■ 7.39% ●	◇ 4.16% 8.74% ■ 11.74% ▲ 13.83% ●	◆ 2.93% 12.37% ■ 11.75% ▲ >20% ●	◆ 2.15% 8.28% ■ 7.44% ▲	◆
		设计建议：适当减小商业建筑中庭面积，相对具有较大设计自由	适当减小商业建筑中庭面积，中庭面积不可过大	适当减小商业建筑中庭面积	适当减小商业建筑中庭面积
	空间体量中心式—剖面	示意图			
		节能潜力（%） 13.36% >20% ■ 6.61% ●	◆ 17.65% >20% ■ 0.15% △ 13.50% ●	◆ 15.72% >20% ■ 1.58% △ >20% ●	◆ 9.60% >20% ■ 1.17% △	◆
		设计建议：建议引入天窗，不建议通高层数过多	建议引入天窗，不建议通高层数过多	建议引入天窗，有较大设计自由	建议引入天窗，有较大设计自由

续表

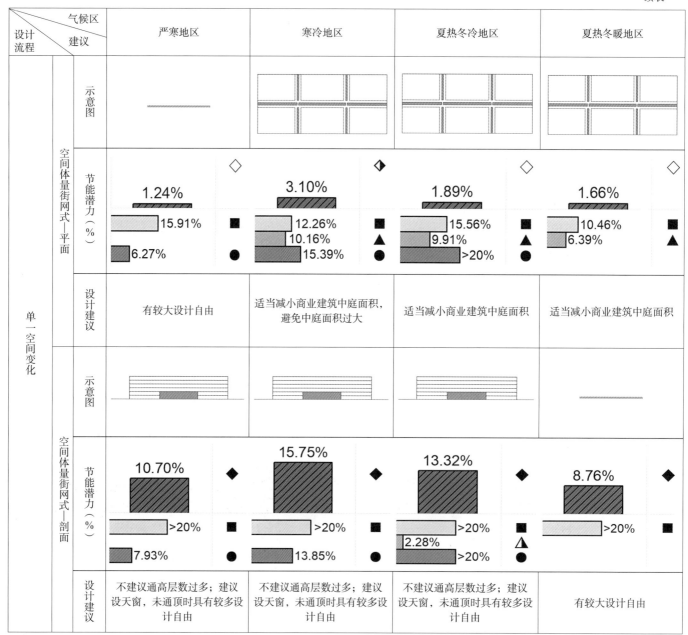

设计流程	气候区\建议		严寒地区	寒冷地区	夏热冬冷地区	夏热冬暖地区
单一空间变化	空间体量街网式—平面	示意图				
		节能潜力（%）	1.24% ◇ 15.91% ■ 6.27% ●	3.10% ◆ 12.26% ■ 10.16% ▲ 15.39% ●	1.89% ◆ 15.56% ■ 9.91% ▲ >20% ●	1.66% ◇ 10.46% ■ 6.39% ▲
		设计建议	有较大设计自由	适当减小商业建筑中庭面积，避免中庭面积过大	适当减小商业建筑中庭面积	适当减小商业建筑中庭面积
	空间体量街网式—剖面	示意图				
		节能潜力（%）	10.70% ◆ >20% ■ 7.93% ●	15.75% ◆ >20% ■ 13.85% ●	13.32% ◆ >20% ■ 2.28% ▲ >20% ●	8.76% ◆ >20% ■
		设计建议	不建议通高层数过多；建议设天窗，未通顶时具有较多设计自由	不建议通高层数过多；建议设天窗，未通顶时具有较多设计自由	不建议通高层数过多；建议设天窗，未通顶时具有较多设计自由	有较大设计自由

续表

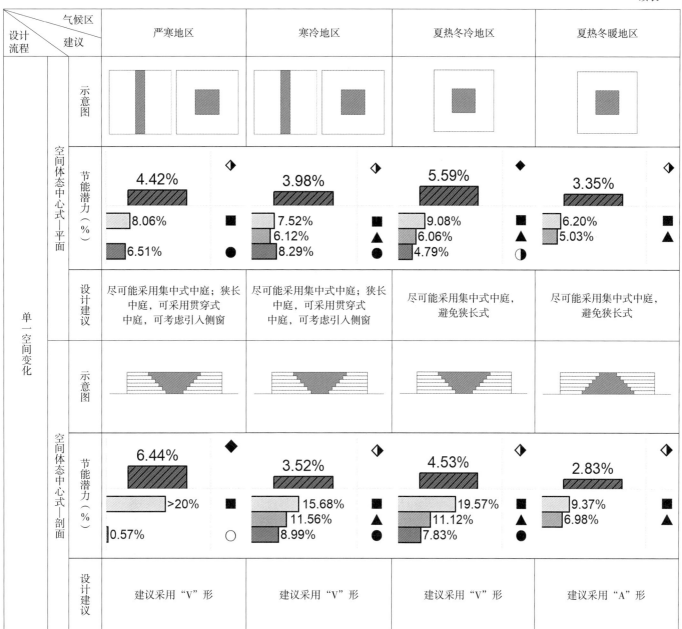

设计流程	气候区 / 建议	严寒地区	寒冷地区	夏热冬冷地区	夏热冬暖地区
单一空间变化	空间体态中心式—平面 示意图				
	节能潜力（%）	4.42% / 8.06% / 6.51%	3.98% / 7.52% / 6.12% / 8.29%	5.59% / 9.08% / 6.06% / 4.79%	3.35% / 6.20% / 5.03%
	设计建议	尽可能采用集中式中庭；狭长中庭，可采用贯穿式中庭，可考虑引入侧窗	尽可能采用集中式中庭；狭长中庭，可采用贯穿式中庭，可考虑引入侧窗	尽可能采用集中式中庭，避免狭长式	尽可能采用集中式中庭，避免狭长式
	空间体态中心式—剖面 示意图				
	节能潜力（%）	6.44% / >20% / 0.57%	3.52% / 15.68% / 11.56% / 8.99%	4.53% / 19.57% / 11.12% / 7.83%	2.83% / 9.37% / 6.98%
	设计建议	建议采用"V"形	建议采用"V"形	建议采用"V"形	建议采用"A"形

续表

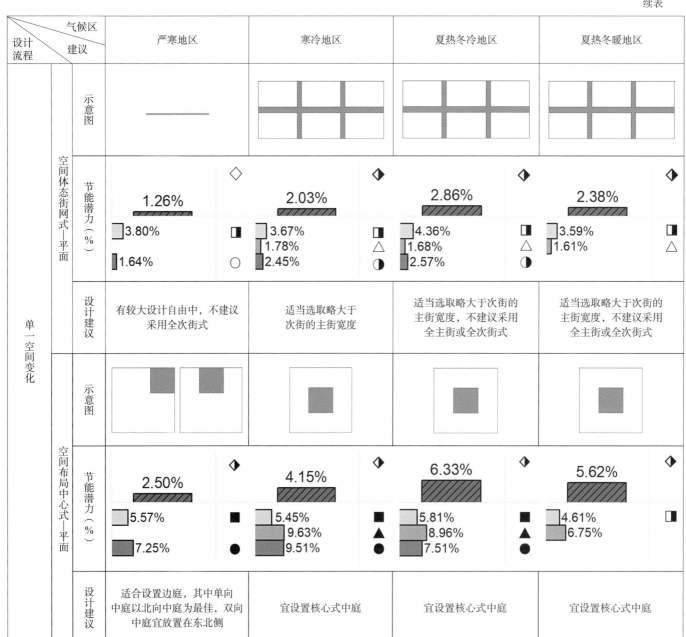

设计流程	建议 \ 气候区		严寒地区	寒冷地区	夏热冬冷地区	夏热冬暖地区
单一空间变化	空间体态街网式—平面	示意图				
		节能潜力（%）	1.26% 3.80% 1.64%	2.03% 3.67% 1.78% 2.45%	2.86% 4.36% 1.68% 2.57%	2.38% 3.59% 1.61%
		设计建议	有较大设计自由中，不建议采用全次街式	适当选取略大于次街的主街宽度	适当选取略大于次街的主街宽度，不建议采用全主街或全次街式	适当选取略大于次街的主街宽度，不建议采用全主街或全次街式
	空间布局中心式—平面	示意图				
		节能潜力（%）	2.50% 5.57% 7.25%	4.15% 5.45% 9.63% 9.51%	6.33% 5.81% 8.96% 7.51%	5.62% 4.61% 6.75%
		设计建议	适合设置边庭，其中单向中庭以北向中庭为最佳，双向中庭宜放置在东北侧	宜设置核心式中庭	宜设置核心式中庭	宜设置核心式中庭

续表

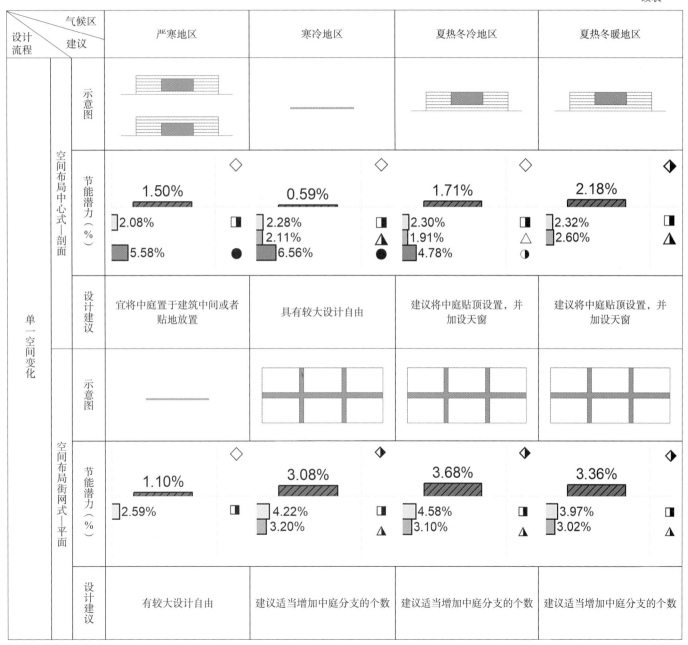

设计流程	气候区 建议		严寒地区	寒冷地区	夏热冬冷地区	夏热冬暖地区
单一空间变化	空间布局中心式—剖面	示意图				
		节能潜力（%）	◇ 1.50% 2.08% 5.58%	◇ 2.28% 2.11% 6.56%	◇ 1.71% 2.30% 1.91% 4.78%	◆ 2.18% 2.32% 2.60%
		设计建议	宜将中庭置于建筑中间或者贴地放置	具有较大设计自由	建议将中庭贴顶设置，并加设天窗	建议将中庭贴顶设置，并加设天窗
	空间布局街网式—平面	示意图				
		节能潜力（%）	◇ 1.10% 2.59%	◆ 3.08% 4.22% 3.20%	◆ 3.68% 4.58% 3.10%	◆ 3.36% 3.97% 3.02%
		设计建议	有较大设计自由	建议适当增加中庭分支的个数	建议适当增加中庭分支的个数	建议适当增加中庭分支的个数

续表

设计流程		气候区 建议	严寒地区	寒冷地区	夏热冬冷地区	夏热冬暖地区
单一空间变化	空间布局街网式—剖面	示意图				
		节能潜力（%）	◇ 0.44% ▯1.54% ▯1.17%	◇ 0.44% □ 3.07% 4.06% ○1.92%	◇ 2.22% ◧3.14% ▲1.63% ○1.78%	◆ 1.89% ◧2.59% △1.55% ○
		设计建议	具有较大设计自由	具有较大设计自由	建议将中庭贴顶设置，并加设天窗	建议将中庭贴顶设置，并加设天窗

1-3 酒店建筑

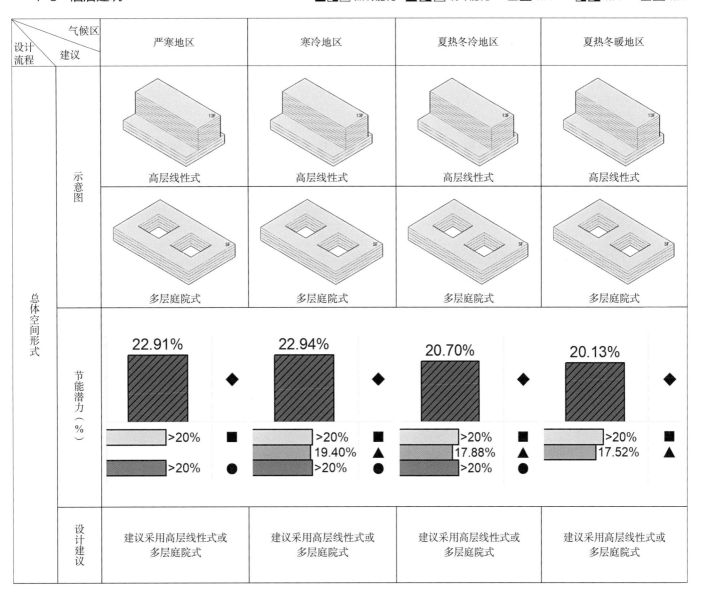

图例：◆◇◇ 总能耗　●◑○ 采暖能耗　◆■ 较大　◆◐ 中等　◇○ 较小
■□□ 照明能耗　▲▲△ 制冷能耗　■▲ 潜力　□▲ 潜力　□△ 潜力

续表

设计流程		气候区 建议	严寒地区	寒冷地区	夏热冬冷地区	夏热冬暖地区
功能空间组织	高层线性式	示意图				
		节能潜力（%）	4.17% 8.25% 2.58%	5.24% 8.81% 3.18% 5.52%	6.00% 11.44% 3.58% >20%	5.01% 11.22% 3.63%
		设计建议	小空间围绕大空间，大空间尽量布置在南侧	小空间围绕大空间，大空间尽量布置在南侧	小空间围绕大空间，大空间尽量布置在南侧	小空间围绕大空间，大空间尽量布置在南侧
	多层庭院式	示意图				
		节能潜力（%）	1.85% 3.57% 1.11%	1.76% 2.72% 1.33% 1.91%	1.21% 1.86% 1.30% 1.72%	1.50% 1.53% 1.54%
		设计建议	大空间置于平面北侧，小空间置于建筑的气候边界处	大空间置于平面北侧，小空间置于建筑的气候边界处	大空间置于平面北侧，小空间置于建筑的气候边界处	大空间置于平面北侧，小空间置于建筑的气候边界处

续表

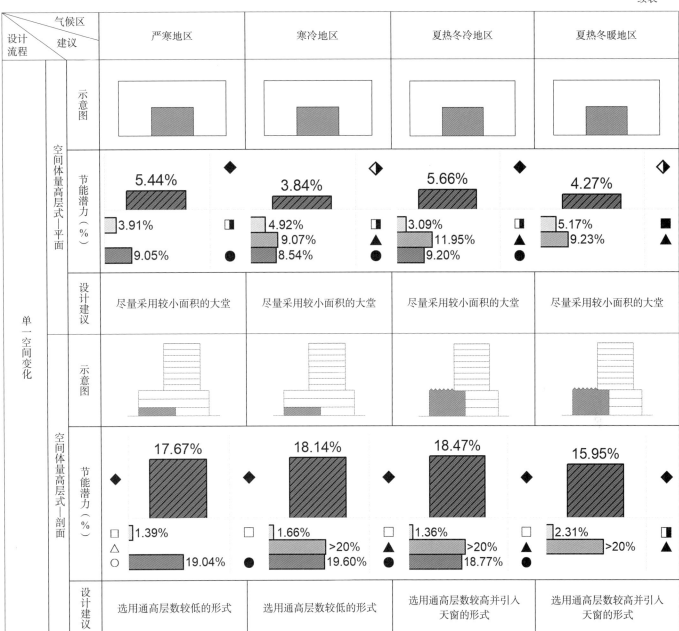

设计流程 / 气候区建议			严寒地区	寒冷地区	夏热冬冷地区	夏热冬暖地区
单一空间变化	空间体量高层式—平面	示意图				
		节能潜力（%）	5.44% ◆ 3.91% 9.05%	3.84% ◇ ◧ 4.92% ▲ 9.07% ● 8.54%	5.66% ◆ ◧ 3.09% ▲ 11.95% ● 9.20%	4.27% ◇ ■ 5.17% ▲ 9.23%
		设计建议	尽量采用较小面积的大堂	尽量采用较小面积的大堂	尽量采用较小面积的大堂	尽量采用较小面积的大堂
	空间体量高层式—剖面	示意图				
		节能潜力（%）	17.67% ◆ □ 1.39% △ ○ 19.04%	18.14% ◆ □ 1.66% ● >20% 19.60%	18.47% ◆ □ 1.36% ▲ >20% ● 18.77%	15.95% ◆ □ 2.31% ▲ >20% ◧ ▲
		设计建议	选用通高层数较低的形式	选用通高层数较低的形式	选用通高层数较高并引入天窗的形式	选用通高层数较高并引入天窗的形式

续表

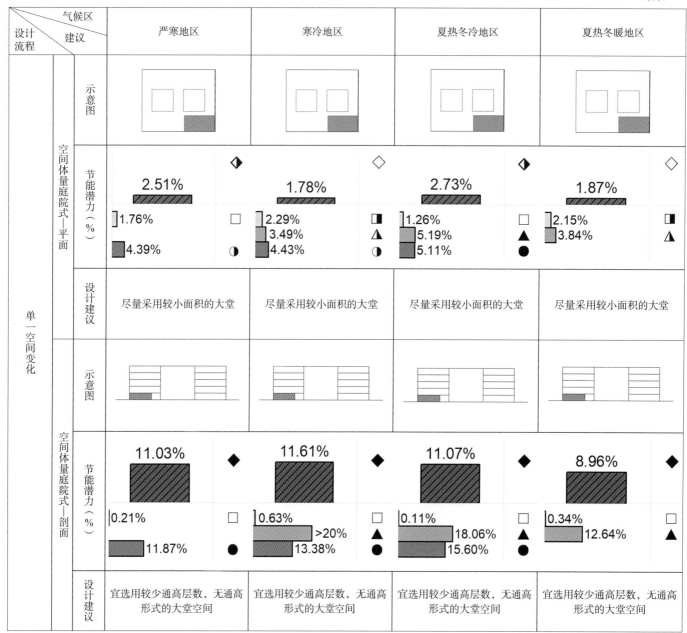

设计流程	气候区 / 建议		严寒地区	寒冷地区	夏热冬冷地区	夏热冬暖地区
单一空间变化	空间体量庭院式—平面	示意图				
		节能潜力（%）	2.51% ◆ 1.76% □ 4.39%	1.78% ◇ 2.29% ◐ 3.49% 4.43% ◑	2.73% ◆ 1.26% ◐ 5.19% △ 5.11% ●	1.87% ◇ 2.15% ◐ 3.84% △
		设计建议	尽量采用较小面积的大堂	尽量采用较小面积的大堂	尽量采用较小面积的大堂	尽量采用较小面积的大堂
	空间体量庭院式—剖面	示意图				
		节能潜力（%）	11.03% ◆ 0.21% □ 11.87% ●	11.61% ◆ 0.63% □ >20% ▲ 13.38% ●	11.07% ◆ 0.11% □ 18.06% ▲ 15.60% ●	8.96% ◆ 0.34% □ 12.64% ▲
		设计建议	宜选用较少通高层数，无通高形式的大堂空间	宜选用较少通高层数，无通高形式的大堂空间	宜选用较少通高层数，无通高形式的大堂空间	宜选用较少通高层数，无通高形式的大堂空间

续表

设计流程	气候区／建议	严寒地区	寒冷地区	夏热冬冷地区	夏热冬暖地区
单一空间变化	空间体态高层式 — 示意图				
	空间体态高层式 — 节能潜力（%）	15.02%　◆ 1.49%　□ >20%　● >20%	16.50%　◆ 1.91%　□ >20%　▲ >20%　●	15.26%　◆ 0.64%　□ >20%　▲ >20%　●	15.11%　◆ 0.97%　□ >20%　▲
	空间体态高层式 — 设计建议	选用开间略长于进深的长宽比体态形式	选用开间略长于进深的长宽比体态形式	选用开间略长于进深的长宽比体态形式	选用开间略长于进深的长宽比体态形式
	空间体态庭院式 — 示意图				
	空间体态庭院式 — 节能潜力（%）	◇ 0.55% 0.63%　□ 0.60%　○	◇ 0.91% 0.96%　□ 3.35%　▲ 0.60%　○	◇ 0.78% 0.58%　□ 2.22%　▲ 0.93%　○	◇ 0.78% 0.60%　□ 1.07%　△
	空间体态庭院式 — 设计建议	选用长宽比接近于正方式的体态形式	选用长宽比接近于正方式的体态形式	选用长宽比接近于正方式的体态形式	选用长宽比接近于正方式的体态形式

续表

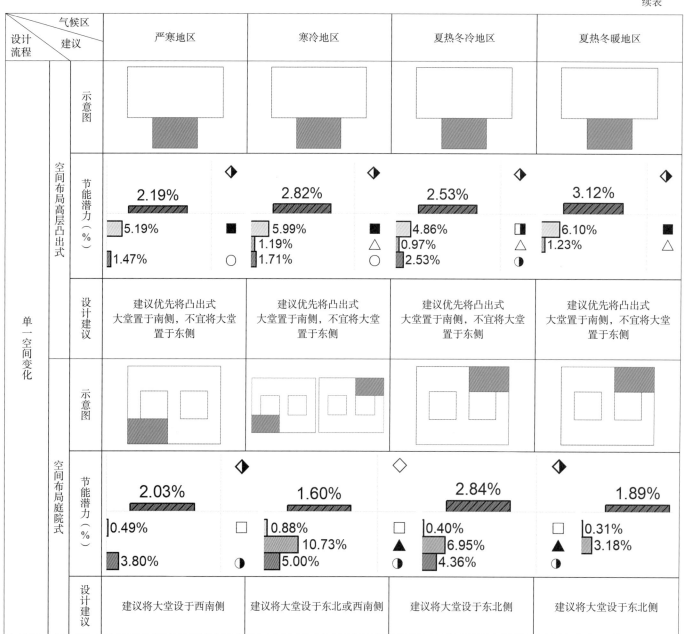

设计流程	气候区建议		严寒地区	寒冷地区	夏热冬冷地区	夏热冬暖地区
单一空间变化	空间布局高层凸出式	示意图				
		节能潜力（%）	2.19%　5.19%　1.47%	2.82%　5.99%　1.19%　1.71%	2.53%　4.86%　0.97%　2.53%	3.12%　6.10%　1.23%
		设计建议	建议优先将凸出式大堂置于南侧，不宜将大堂置于东侧	建议优先将凸出式大堂置于南侧，不宜将大堂置于东侧	建议优先将凸出式大堂置于南侧，不宜将大堂置于东侧	建议优先将凸出式大堂置于南侧，不宜将大堂置于东侧
	空间布局庭院式	示意图				
		节能潜力（%）	2.03%　0.49%　3.80%	1.60%　0.88%　10.73%　5.00%	2.84%　0.40%　6.95%　4.36%	1.89%　0.31%　3.18%
		设计建议	建议将大堂设于西南侧	建议将大堂设于东北或西南侧	建议将大堂设于东北侧	建议将大堂设于东北侧

1-4　图书馆建筑

◆◑◇总能耗　●◐○采暖能耗　◆■较大　◆◐中等　◇○较小
■◧□照明能耗　▲▲△制冷能耗　■▲潜力　◧◮潜力　□△潜力

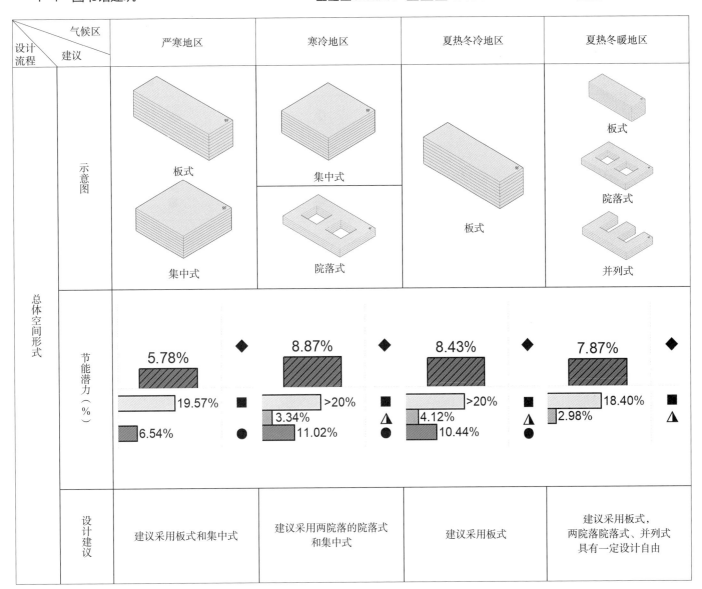

续表

设计流程 ＼ 气候区 ＼ 建议			严寒地区	寒冷地区	夏热冬冷地区	夏热冬暖地区
功能空间组织	集中式	示意图				
		节能潜力（%）	◇ 1.84% □ 3.11% ▨ 4.49%	◈ 3.71% ◨ 4.74% ▲ 9.64% ◑ 17.21%	◈ 3.27% ■ 9.44% ▲ 10.84% ● >20%	◈ 2.82% ◨ 2.74% ▲ 7.09%
		设计建议	将中庭局部错位或在建筑周边设置低性能缓冲空间	将中庭局部错位或在建筑周边设置低性能缓冲空间	将中庭局部错位或在建筑周边设置低性能缓冲空间	将中庭局部错位或在建筑周边设置低性能缓冲空间
	"C"形并列式	示意图				
		节能潜力（%）	◆ 5.62% ◧ 2.56% ● 8.88%	◆ 5.25% ◧ 2.92% ▲ 6.25% ● 10.32%	◇ 3.94% ◧ 1.43% ▲ 5.81% ● 11.94%	◇ 4.65% ◨ 2.28% ▲ 7.33%
		设计建议	缓冲空间放置在北侧；阅览空间宜尽量放在远离建筑边界区域	缓冲空间放置在北侧；阅览空间宜尽量放在远离建筑边界区域	缓冲空间放置在北侧；阅览空间宜尽量放在远离建筑边界区域	缓冲空间放置在北侧；阅览空间宜尽量放在远离建筑边界区域

续表

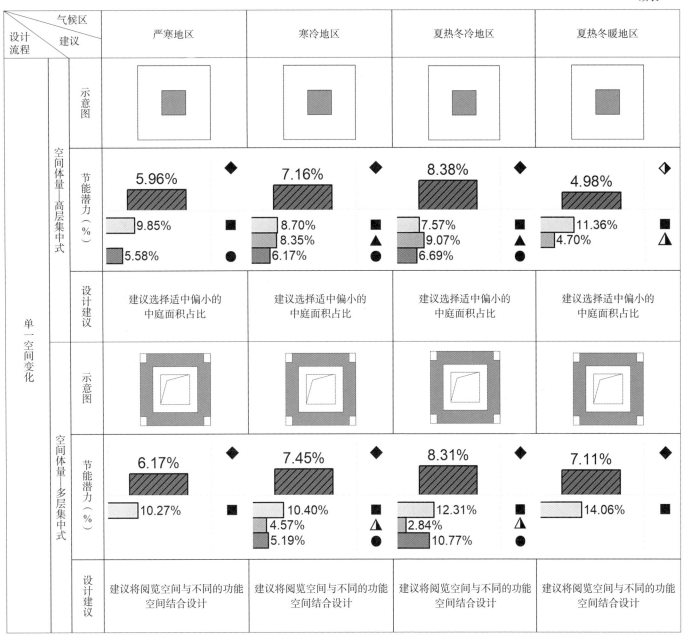

气候区\建议\设计流程			严寒地区	寒冷地区	夏热冬冷地区	夏热冬暖地区
单一空间变化	空间体量—高层集中式	示意图				
		节能潜力（%）	5.96%　◆ 9.85%　■ 8.35% 5.58%　●	7.16%　◆ 8.70%　■ 8.35%　▲ 6.17%　●	8.38%　◆ 7.57%　■ 9.07%　▲ 6.69%　●	4.98%　◆ 11.36%　■ 4.70%　△
		设计建议	建议选择适中偏小的中庭面积占比	建议选择适中偏小的中庭面积占比	建议选择适中偏小的中庭面积占比	建议选择适中偏小的中庭面积占比
	空间体量—多层集中式	示意图				
		节能潜力（%）	6.17%　◆ 10.27%　■ 4.57% 5.19%	7.45%　◆ 10.40%　■ 2.84%　△ 10.77%　●	8.31%　◆ 12.31%　■	7.11%　◆ 14.06%　■
		设计建议	建议将阅览空间与不同的功能空间结合设计	建议将阅览空间与不同的功能空间结合设计	建议将阅览空间与不同的功能空间结合设计	建议将阅览空间与不同的功能空间结合设计

续表

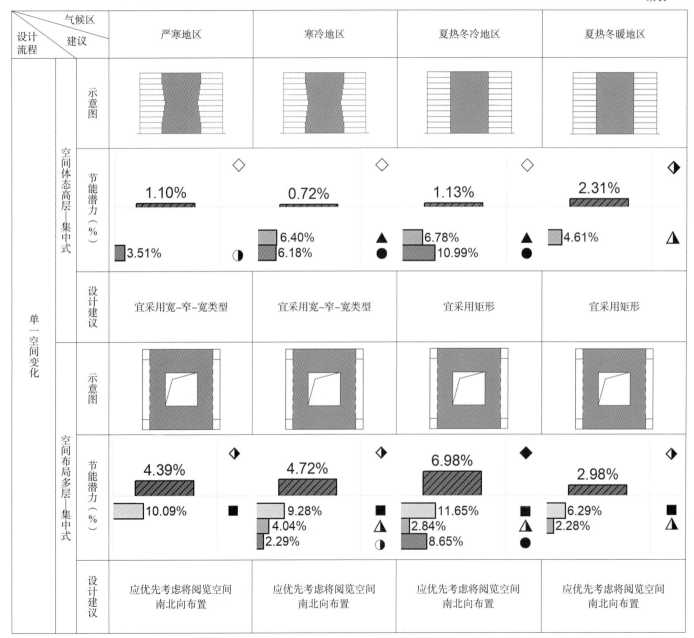

设计流程	建议 气候区		严寒地区	寒冷地区	夏热冬冷地区	夏热冬暖地区
单一空间变化	空间体态高层－集中式	示意图				
		节能潜力（%）	1.10% 3.51%	0.72% 6.40% 6.18%	1.13% 6.78% 10.99%	2.31% 4.61%
		设计建议	宜采用宽-窄-宽类型	宜采用宽-窄-宽类型	宜采用矩形	宜采用矩形
	空间布局多层－集中式	示意图				
		节能潜力（%）	4.39% 10.09% 4.04% 2.29%	4.72% 9.28%	6.98% 11.65% 2.84% 8.65%	2.98% 6.29% 2.28%
		设计建议	应优先考虑将阅览空间南北向布置	应优先考虑将阅览空间南北向布置	应优先考虑将阅览空间南北向布置	应优先考虑将阅览空间南北向布置

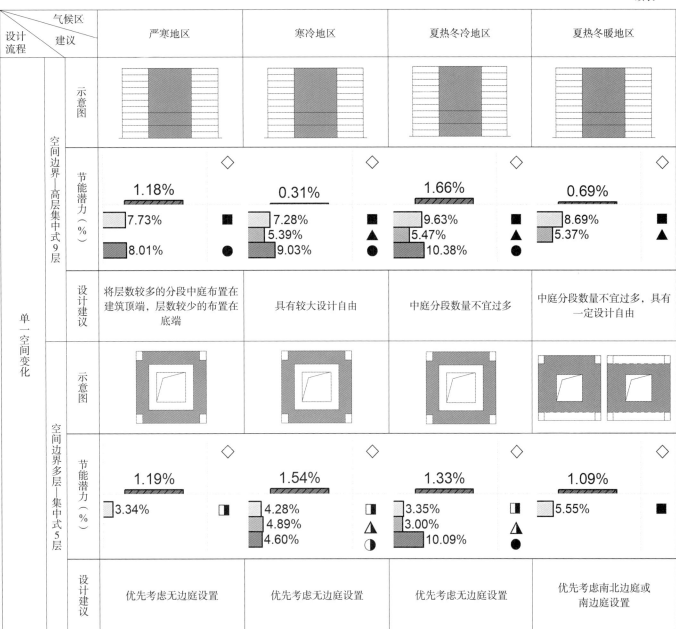

气候区＼设计流程＼建议		严寒地区	寒冷地区	夏热冬冷地区	夏热冬暖地区
单一空间变化	空间边界—高层集中式9层				
	示意图				
	节能潜力（%）	◇ 1.18% □ 7.73% ■ 8.01%	◇ 0.31% □ 7.28% ■ ■ 5.39% ▲ ■ 9.03% ●	◇ 1.66% □ 9.63% ■ ■ 5.47% ▲ ■ 10.38% ●	◇ 0.69% □ 8.69% ■ ■ 5.37% ▲
	设计建议	将层数较多的分段中庭布置在建筑顶端，层数较少的布置在底端	具有较大设计自由	中庭分段数量不宜过多	中庭分段数量不宜过多，具有一定设计自由
	空间边界多层—集中式5层				
	示意图				
	节能潜力（%）	◇ 1.19% □ 3.34% ◨	◇ 1.54% □ 4.28% ◨ ■ 4.89% ◮ ■ 4.60% ◑	◇ 1.33% □ 3.35% ◨ ■ 3.00% ◮ ■ 10.09% ●	◇ 1.09% □ 5.55% ■
	设计建议	优先考虑无边庭设置	优先考虑无边庭设置	优先考虑无边庭设置	优先考虑南北边庭或南边庭设置

附录2 基于光环境的气候适应型典型空间模式图览

2-1 办公建筑

设计流程		气候区 建议	严寒地区	寒冷地区	夏热冬冷地区	夏热冬暖地区
总体空间形式	示意图		板式 竖向叠加式	板式 竖向叠加式	板式	板式
	设计建议		宜选用板式或竖向叠加式	宜选用板式或竖向叠加式	宜选用板式，但可综合造型设计、功能组合等因素，权衡利弊	宜选用板式，具有较大选择自由，但谨慎选用具有采光中庭的中央围合式
功能空间组织（结合实际情况选取竖向叠加式和中央围合式进行研究）	竖向叠加式示意图					
	设计建议		在各气候区，核心筒最宜设置在中央位置，但仍具有较大自由，可结合其他实际情况进行权衡考虑	在各气候区，核心筒最宜设置在中央位置，但仍具有较大自由，可结合其他实际情况进行权衡考虑	在各气候区，核心筒最宜设置在中央位置，但仍具有较大自由，可结合其他实际情况进行权衡考虑	在各气候区，核心筒最宜设置在中央位置，但仍具有较大自由，可结合其他实际情况进行权衡考虑
	中央围合式	示意图	——————	——————	——————	——————
		设计建议	具有较大设计自由	具有较大设计自由	具有较大设计自由	具有较大设计自由

2-2　商业建筑

气候区 建议 设计流程		严寒地区	寒冷地区	夏热冬冷地区	夏热冬暖地区
总体空间形式	示意图	——	——	街网式 组合式	街网式 组合式
	设计建议	具有较大设计自由	具有较大设计自由	宜选用街网式或组合式	宜选用街网式或组合式

2-3　酒店建筑

设计流程	建议　气候区	严寒地区	寒冷地区	夏热冬冷地区	夏热冬暖地区
总体空间形式多层庭院式	示意图	 竖向叠加	 竖向叠加	 竖向叠加	 竖向叠加
	设计建议	设计高层时建议选用高层竖向叠加式，谨慎选用高层线性式；针对多层时享有较大设计自由	设计高层时建议选用高层竖向叠加式，谨慎选用高层线性式；针对多层时享有较大设计自由	设计高层时建议选用高层竖向叠加式，谨慎选用高层线性式；针对多层时享有较大设计自由	设计高层时建议选用高层竖向叠加式，谨慎选用高层线性式；针对多层时享有较大设计自由
功能空间组织多层庭院式	高层线性式示意图	 南北贯通、西北并置	 南北贯通、西北并置	 南北贯通、西北并置	 南北贯通、西北并置
	设计建议	建议东南并置、南北贯通、西北并转，亦可考虑南侧并置、南侧递进、错层叠置	建议东南并置、南北贯通、西北并转，亦可考虑南侧并置、南侧递进、错层叠置	建议东南并置、南北贯通、西北并转，亦可考虑南侧并置、南侧递进、错层叠置	建议东南并置、南北贯通、西北并转，亦可考虑南侧并置、南侧递进、错层叠置
	多层庭院式示意图				
	设计建议	建议南侧布置，谨慎选用北侧	建议南侧布置，谨慎选用北侧	建议南侧布置，设计相对享有较大自由	建议南侧布置，设计相对享有较大自由

2-4　图书馆建筑

设计流程	气候区／建议	严寒地区	寒冷地区	夏热冬冷地区	夏热冬暖地区
总体空间形式	示意图	并列式"C"形 板式	并列式"C"形 板式	院落式 板式	院落式 板式
	设计建议	宜选用并列式"C"形或板式	宜选用并列式"C"形或板式	宜选用院落式或板式	宜选用院落式或板式
功能空间组织	集中式示意图	交通空间优化组 中庭错层优化组	交通空间优化组 中庭错层优化组	交通空间优化组	交通空间优化组
	设计建议	宜采用交通空间优化组，酌情考虑中庭错层优化组	宜采用交通空间优化组，酌情考虑中庭错层优化组	宜采用交通空间优化组	宜采用交通空间优化组

续表

设计流程 \ 气候区 建议		严寒地区	寒冷地区	夏热冬冷地区	夏热冬暖地区
功能空间组织	并列式示意图	 北侧缓冲优化组	 北侧缓冲优化组	——	 北侧缓冲优化组
	设计建议	宜选用北侧缓冲组	宜选用北侧缓冲组	具有更多设计自由	宜选用北侧缓冲组

附录3　基于热舒适的气候适应型典型空间模式图览

3-1　办公建筑

设计流程 \ 气候区建议		严寒地区	寒冷地区	夏热冬冷地区	夏热冬暖地区
总体空间形式	示意图	中央围合式 水平延展式	——	竖向叠加式	竖向叠加式
	设计建议	宜选用中央围合式或水平延展式	具有较大设计自由	宜选用竖向叠加式	宜选用竖向叠加式
功能空间组织	竖向叠加式示意图	——	——	——	——
	设计建议	具有较大设计自由	具有较大设计自由	具有较大设计自由	具有较大设计自由
	竖向叠加式示意图			——	
	设计建议	建议布置在南侧或西侧	建议布置在南侧或西侧	具有较大设计自由	建议布置在北侧或东侧
	中央围合式示意图			——	——
	设计建议	小空间设置在外侧，大空间设置在内侧	小空间设置在外侧，大空间设置在内侧	具有较大设计自由	具有较大设计自由

3-2 商业建筑

设计流程 \ 气候区 建议		严寒地区	寒冷地区	夏热冬冷地区	夏热冬暖地区
总体空间形式	示意图	————	————	 组合式 中心式	 组合式 中心式
	设计建议	具有较大设计自由	具有较大设计自由	组合式或中心式	组合式或中心式
功能空间组织	中心式示意图	————	————	————	————
	设计建议	具有较大设计自由	具有较大设计自由	具有较大设计自由	具有较大设计自由
	街网式示意图	————	————	————	————
	设计建议	具有较大设计自由	具有较大设计自由	具有较大设计自由	具有较大设计自由

3-3 酒店建筑

设计流程 \ 气候区建议		严寒地区	寒冷地区	夏热冬冷地区	夏热冬暖地区
总体空间形式	高层示意图	高层线性式	高层线性式	高层线性式	高层线性式
	设计建议	宜采用高层线性式	宜采用高层线性式	宜采用高层线性式	宜采用高层线性式
	多层示意图	多层线性式	多层线性式	—	多层庭院式
	设计建议	宜采用多层线性式	宜采用多层线性式	具有较大设计自由	宜采用多层庭院式
功能空间组织	高层示意图				
	设计建议	宜采用错层叠置、东南并置式,具有一定的设计自由	宜采用错层叠置、东南并置式,具有一定的设计自由	宜采用南侧并置、南侧递进、东南并置、东西贯通、北侧并置式等,同样具有一定的设计自由	宜采用南侧并置、南侧递进、东南并置、东西贯通、北侧并置式等,同样具有一定的设计自由
	多层示意图				
	设计建议	宜采用大空间北侧布置,同时可根据设计习惯权衡判断	宜采用大空间北侧布置,同时可根据设计习惯权衡判断	宜采用大空间北侧布置,同时可根据设计习惯权衡判断	宜采用大空间北侧布置,同时可根据设计习惯权衡判断

3-4　图书馆建筑

设计流程	气候区 建议	严寒地区	寒冷地区	夏热冬冷地区	夏热冬暖地区
总体空间形式	示意图	 集中式	 院落式（一院落） 院落式（两院落）	 院落式（一院落） 院落式（两院落）	 集中式 院落式
	设计建议	宜选用集中式，具有一定设计自由	宜采用院落式，具有较大设计自由	宜采用院落式，具有较大设计自由	宜采用高层集中式、院落式，谨慎选择低层集中式或并列式
功能空间组织	集中式示意图	 中心式 交通空间优化组	 中心式 交通空间优化组	 中心式 交通空间优化组	
	设计建议	宜采用中心式或交通空间优化组	宜采用中心式或交通空间优化组	宜采用中心式或交通空间优化组	具有较大设计自由
	并列式设计建议	具有较大设计自由			